阿拉丁奇趣探索系列

走进奇妙的大自然

[英]珍·格林◎著　[英]戴夫·巴勒斯◎绘

高含菊◎译

陕西新华出版传媒集团

陕西科学技术出版社

Shaanxi Science and Technology Press

图书在版编目（CIP）数据

走进奇妙的大自然 /（英）珍·格林著；（英）戴夫·巴勒斯绘；高含菊译. — 西安：陕西科学技术出版社，2022.6

（阿拉丁奇趣探索系列）

书名原文：THE NEW WORLD OF KNOWLEDGE The Encyclopedia of Natural History

ISBN 978-7-5369-8352-6

Ⅰ.①走… Ⅱ.①珍… ②戴… ③高… Ⅲ.①自然科学—少儿读物 Ⅳ.① N49

中国版本图书馆 CIP 数据核字 (2022) 第 035643 号

北京版权保护中心外国图书合同登记号：25-2022-080

Copyright© Aladdin Books 1999

An Aladdin Book

Designed and directed by Aladdin Books Ltd

PO Box 53987

London SW15 2SF

England

阿拉丁奇趣探索系列

走进奇妙的大自然

[英] 珍·格林◎著　　[英] 戴夫·巴勒斯◎绘　　高含菊◎译

责任编辑： 高　曼　周　勇

封面设计： 柯　桂

出 版 者	陕西新华出版传媒集团　陕西科学技术出版社
	西安市曲江新区登高路 1388 号陕西新华出版传媒产业大厦 B 座
	电话（029）81205187　传真（029）81205155　邮编 710061
	http://www.snstp.com
发 行 者	陕西新华出版传媒集团　陕西科学技术出版社
	电话（029）81205180　81206809
印　　刷	陕西思维印务有限公司
规　　格	889mm×1194mm　　16 开
印　　张	10.75
字　　数	150 千字
版　　次	2022 年 6 月第 1 版
	2022 年 6 月第 1 次印刷
书　　号	ISBN 978-7-5369-8352-6
定　　价	68.00 元

目 录

第一章
郁郁葱葱的树木

　　树木是地球上最丰富的自然资源之一。数千年来，树木为人类提供了食物、木材和避荫场所，与人类的世代繁衍息息相关。

　　翻开这个章节，你将深入了解树木，知道树木在哪里生长、如何生长，以及树木周围都生活着哪些动物。

什么是树木

树木是植物，但与一般植物不同。树木很高，树干非常结实，有些树木的高度甚至超过了6米。

树木一般分为两大类型：针叶树和阔叶树。距今4亿年前，地球上出现了第一批树木。化石证据表明，最早的树木是类似云杉和松树的针叶树。

角树的花和叶子

花旗松的
松果和树枝

针叶树：
花旗松

阔叶树：
角树

针叶树

大多数针叶树的叶片都是尖尖的针状或鳞片状，它们结出的果实是松果或球果，而非我们食用的水果。大多数针叶树的形状像塔一样。几乎所有的针叶树都是常青树，树上的叶子常年都是绿的。

阔叶树

大多数阔叶树的叶片都是扁平的。秋天到来时，叶子枯萎后掉落到地上，到了冬天树就光秃秃的了。所有阔叶树都会开花、结果，而且它的果实里面含有种子。

树木的象征意义

每个国家在设计国旗时，都会使用一些具有象征意义的元素，以代表该国的文化，传达重要的信息。有些国家选择树木或树叶作为本国的象征，你知道它们有什么特殊含义吗？

黎巴嫩

黎巴嫩的国旗上有雪松，雪松是该地区最典型的植物。

塞浦路斯

塞浦路斯的国旗上有橄榄枝，象征和平。橄榄树在地中海地区十分常见。

加拿大

加拿大的国旗又称枫叶旗，中间红色的枫叶实际上是糖槭树的叶子。糖槭树是加拿大东部地区最常见的树木。

海地

海地的国旗正中间有一棵棕榈树，因为这个国家的土地上遍布棕榈树。

赤道几内亚

赤道几内亚位于非洲西海岸，这个国家的国旗上展示了当地非常有名的丝绵树。

楚山棕榈树的叶子

棕榈树：
楚山棕榈树

棕榈树

棕榈树和其他树木有很大差别，它们习惯向上生长，而且树干长到一定程度后便不再增粗。因为其他树木的树干被树皮包裹着，而棕榈树的树干被坚硬的纤维包裹。

识别树木的类型

每种树木都有特定的外形轮廓。要识别一棵树，你可以先在笔记本上画出这棵树的形状，然后再记录下其他的细节，比如树叶的形状和颜色，树生长的环境，以及树的花朵、果实和树皮。最后找出一本介绍树木的图书，与你所做的笔记进行比对，看看你记录的到底是什么树。

糖槭树

会"呼吸"的树叶

　　一棵树有多少片树叶并不是固定的，具体要看是什么树以及树所处的季节。松树的针叶可能多达数百万根，大橡树也许有 25 万片树叶。树叶都有相同的功能，它们通过光合作用为树木提供养分。树叶背面有许多小孔，也就是气孔。树木通过气孔来呼吸，从而吸收二氧化碳，呼出氧气，合成营养物质，这个过程就是光合作用。水汽可以从气孔蒸发出来，降低环境温度，使空气保持湿润，这个过程就是蒸腾作用。

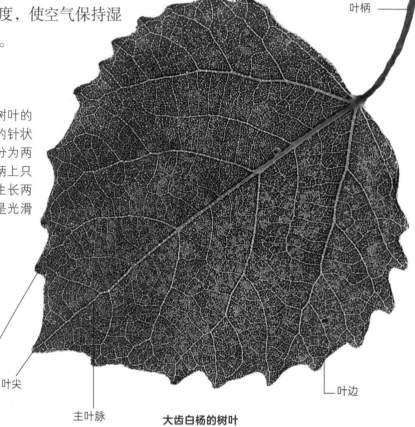

叶柄

　　地球上有各种各样的树木，树叶的形状和大小也千差万别。针叶树的针状叶子很容易识别。阔叶树的叶子分为两大类：单叶和复叶。单叶是指叶柄上只生长一片树叶，复叶是指叶柄上生长两片或多片树叶。树叶的边缘可能是光滑的，也可能是花瓣状或锯齿状的。

叶脉
　　像骨架一样撑起树叶，并将养分和水分输送到树叶的各个部分。

叶尖

主叶脉

大齿白杨的树叶

叶边

测量树叶的面积
　　如果两片树叶的形状不同，那就很难判断它们的面积大小。你可以按照下面的方法比较两片树叶的面积大小：先找出一张方格纸，然后沿着树叶的边缘描摹下每片树叶的轮廓。画完后数一下树叶轮廓内方格的数量，将两片树叶所占方格总数进行比较，就能知道两片树叶的面积大小关系啦！你也可以测量看看，同一棵树上的两片树叶的面积大小是否一样呢？

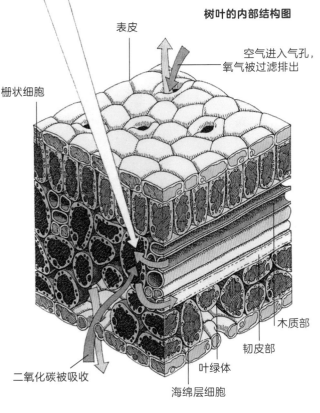

阳光

树叶的内部结构图

表皮

空气进入气孔，
氧气被过滤排出

栅状细胞

木质部

韧皮部

叶绿体

二氧化碳被吸收

海绵层细胞

光合作用

树叶通过光合作用为树木提供养分。树叶的表皮背部有一层栅状细胞，再下面是海绵层细胞，这两层细胞中都含有叶绿体，即包含叶绿素的微小结构。叶绿素是一种天然色素，可以让树叶变绿。叶绿素还能吸收太阳光，将空气中的二氧化碳与土壤中的水和矿物质转化为简单的含糖养分，即树液。叶绿体在树叶细胞内游动，以获取足够的阳光。韧皮部是维管组织，它可以将养分输送到树木的各个部位。木质部是树叶的内部维道，能将水分传输到树木的各个部位。树叶表皮中的叶脉显示了各种养分和水分的运输过程。树叶通过光合作用排出氧气，这些氧气是人类和动物生存所必需的物质。

各种形状的叶子

松树：针状

七叶树：手指状

桉树：羽毛状　　　桑树：手掌状　　　橡树：锯齿状　　　银杏树：扇状

树叶艺术

你可以尝试用树叶制作一些精美的艺术品。首先，拾取一把树叶放到纸上，然后用牙刷蘸上液体颜料涂抹树叶的表面。等颜料干了之后拿起树叶，纸上就会留下五颜六色的树叶印记。如果你想画出树叶的形状，就沿着树叶的叶脉涂抹颜料，然后将涂了颜料的这一面按压到纸上，接着用另一种颜色的颜料画出树叶的轮廓。如果你想画出树叶的完整图像，那就将树叶放到纸上作为样品，然后拿出蜡笔轻轻描摹，注意树叶的形状、轮廓和叶脉分布等。

落叶树和常青树

落叶树在冬季落叶的原因和动物冬眠是一样的，都是为了积蓄足够的养分。气温下降后，落叶树的根无法从寒冷的土壤中汲取足够的水分，但树上的叶子仍在进行蒸腾作用，水分蒸发后会导致补给不足，树叶就开始枯萎、凋落。常青树一年四季都有树叶，因为它们的树叶表皮是蜡质的，可以防止水分流失，保护树叶免受风干的影响。

山楂树秋天的叶子

冬青树冬天的叶子

到了秋天，落叶树的叶子开始变色，有的变成黄褐色，有的变成红色，还有的变成黄色或褐红色。树叶之所以会变色，是因为内部的色素平衡发生了变化。树叶枯萎时，通常意味着内部的叶绿素已经被分解了，这时原本被叶绿素掩盖的颜色便重新呈现了出来。

季节的变化

辨别一棵树是否是常青树的办法之一，就是观察它在一年四季中的变化。大多数针叶树都是常青树，但落叶松例外。

天气变寒冷时，落叶松的针叶会逐渐枯萎并掉落到地上。选择3棵不同的落叶树，持续观察并记录，看看它们在一年四季中会发生什么变化吧！

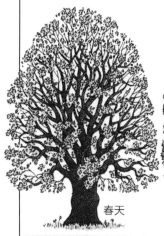

春天

夏天

秋天

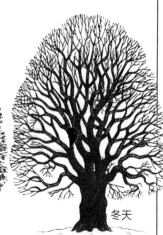

冬天

树木调查

　　制作一张关于树木分布情况的地图，是记录该地区树木生长情况的方法之一。首先规定一个特定的缩放比例，然后在一张普通的白纸或者方格纸上画出街道和建筑物等地标，接着在地图上标记你看到的所有落叶树和常青树。如果你想把观察到的其他东西也画到地图上，可以先给它们设计一些特定标记，然后标明这些标记所代表的事物。如果你想在地图上展示各种树的类别，可以查阅一些参考书，然后给不同的树设计不同的标记，再把这些标记画到地图中的相应位置。仔细观察一下，你所在地区最常见的树木是哪种呢？

关键词

■ 落叶树

■ 常青树

■ 建筑物

森林深处

　　许多故事都把森林描绘成恐怖或者充满魔力的地方。在《绿野仙踪》中，森林中的树木活了过来，袭击了主角多萝西和她的朋友们。在《指环王》中，霍比特人穿行在一片危险的森林之中，幸好掌握魔法的树人救了他们。莎士比亚的《仲夏夜之梦》以森林为背景，剧中的仙后施展魔法，将织工波顿的脑袋变成了驴头。如果由你来写一则故事，你会怎样描述森林和树木呢？

根系世界

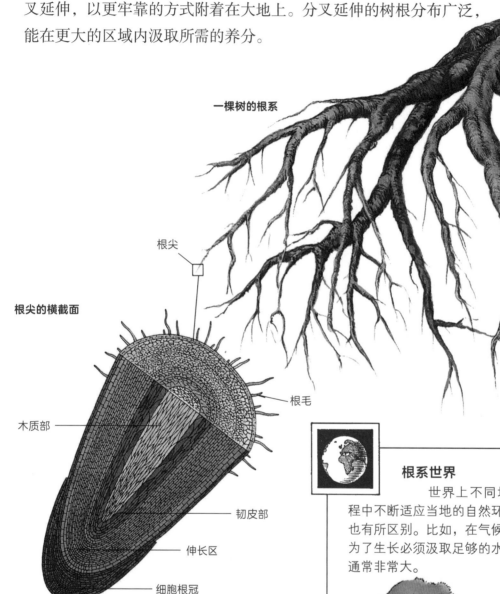

树根主要有两个作用：①树根扎进土壤里，对树木起固定作用，使其不会轻易被风吹倒；②树根从土壤中汲取水分和矿物质，以此形成养分，滋养大树。有些树的树根深深扎进土壤中，而大多数树木的树根分叉延伸，以更牢靠的方式附着在大地上。分叉延伸的树根分布广泛，能在更大的区域内汲取所需的养分。

一棵树的根系

根尖

根尖的横截面

木质部

根毛

韧皮部

伸长区

细胞根冠

树根每年都在生长，随着时间的推移变得越来越长。根尖细胞不断繁殖，树根的伸长区域越来越大，根尖也随之到达更深的地下。在这个过程中，细胞根冠可以保护根尖免受磨损和撕裂。树根中长出细细的毛发，也就是根毛，从土壤中汲取水分和矿物质。单个根毛的生长周期一般只有几周。在树木的根系中，通常是新生的树根为大树汲取养分，之前的树根慢慢变老、变硬，对大树起到固定作用。

根系世界

世界上不同地区的树木，会在生长过程中不断适应当地的自然环境，因此树根的生长方式也有所区别。比如，在气候炎热或干燥的地方，树木为了生长必须汲取足够的水分，因此树根的伸展区域通常非常大。

榕树

分布在印度和斯里兰卡等地的榕树，多数能够独木成林。这些榕树的树根生长在地上，延伸到地下后能继续生长，不断长出独立的树干。树根和树干彼此互生，榕树越长越大，最大的榕树甚至能延生出数千根树干。

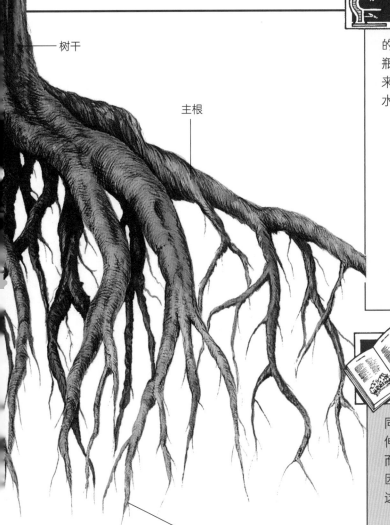

树干

主根

侧根

枝条如何汲取水分？

从柳树上折下一段枝条，插入盛水的瓶子中。用橡皮泥封住瓶口，并用记号笔标出瓶中的水位线。两天之后，看看新的水位线与原来的有什么区别呢？如果用塑料袋包裹住枝条，水位线又会发生什么变化呢？

1.用橡皮泥封住瓶口。

2.用塑料袋包裹住枝条。

立地生根

"根"这个字在不同语境下有不同的意思，这些含义大多是从"根"的本意延伸而来的。比如"扎根"，是指在某个地方定居；而"找到问题的根源"，是指找到问题产生的原因和条件。你还知道哪些包含"根"字的词语，这些词语又是什么意思呢？

苹果树

苹果树大多生长在温带气候环境中。苹果树的树根带有典型的果树特点：扎地不深，但是大量向外扩展，遍布范围较广，数量可能多达数百万根。

红树林植物

红树林植物遍布在热带海岸，这些树的树根像高跷一样，牢牢扎进软泥之中。有些树根极力向上生长，以获取足够的空气和阳光。

云杉

云杉是一种针叶树，十分耐寒，而且可以在贫瘠的土壤条件下生存。云杉的树根入地较浅，仅在地表形成圆形的根系。

热带雨林植物

热带雨林土壤肥沃，资源充沛，生长在这里的树木通常根系非常浅，很轻松就能从土壤表层汲取足够的养分。

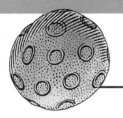

千姿百态的花朵

花朵的主要作用是孕育种子，繁殖新的植株。花朵中含有植物的繁殖基因，可分为雄花和雌花，但部分花朵是雌雄同株的。柳树和杨树等树木的雌花和雄花分别长在不同的植株上，而大多数针叶树的雄花和雌花长在同一植株上。一般情况下，风将雄花中的花粉吹落到雌花上，花粉与卵细胞结合后形成受精卵并孕育出种子。

花朵的形状、颜色和气味有特别的作用，对花粉的传播具有重要意义。花粉主要由昆虫或风进行传播。依靠昆虫传播花粉的植物，花朵颜色亮丽、气味香甜，以吸引昆虫停留在花朵上。天气晴朗的时候，鸟和昆虫在花丛中飞来飞去，一边忙碌地吸食花蜜，一边给花朵授粉。

苹果树的花

探索花朵

不同的树有不同的花朵，不同花朵的形状、颜色和大小也有区别。温带地区的花朵大多由风进行授粉，不需要吸引昆虫，所以颜色相对淡雅。

尼考棕榈树的花朵

棕榈树的花朵很小，且成簇生长。根据树种的不同，授粉后的棕榈树花朵可能结出枣子、椰子或其他果实。

胡桃树的花序一般有 5~10 厘米长，雌花呈圆形，直立在花序之中。

挪威云杉的松果

针叶树的花朵通常很不起眼。授粉 1 年后，那些红色或黄色的小小花簇就可能长成松果。

胡桃树的花序和花朵

木兰花的种类繁多，但所有木兰花都很艳丽，能轻松吸引昆虫前来采蜜和授粉。

木兰花

蜜蜂

花瓣：颜色和气味
可以吸引昆虫

柱头
（雌性部分）

雄蕊
（雄性部分）

萼片

心皮
（雌性部分）

子房
（雌性部分）

胚珠
（雌性部分）

授粉

为了孕育出种子，花粉必须进入子房与胚珠结合，即授粉。一般情况下，就算花朵是雌雄同株的，雌蕊和雄蕊也不可能同时成熟，所以依然需要外界帮忙授粉。不同的树木，花朵的授粉方式有所区别。柳树的柳絮四处飘散，通过风完成授粉。有些花朵颜色鲜艳、气味芬芳，可以吸引蜜蜂、蝴蝶等昆虫帮助授粉。昆虫落到花朵上，身上会沾到花粉，当它们飞到另一朵花上时，花粉掉落下来，进入子房与胚珠结合，从而完成授粉。

上图这朵花是雌雄同株的，雄蕊每次产生数以百万计的花粉，每粒花粉的直径约为 0.2 毫米。

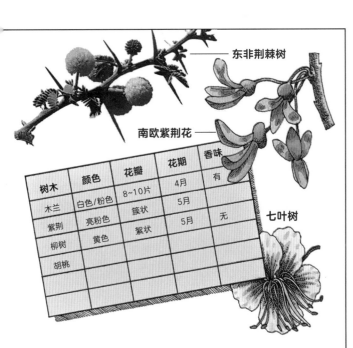

东非荆棘树

南欧紫荆花

七叶树

树木	颜色	花瓣	花期	香味
		8~10片	4月	有
木兰	白色/粉色		5月	
		簇状		
紫荆	亮粉色		5月	无
		絮状		
柳树	黄色			
胡桃				

大多数树木在春天或夏天开花。如上图所示，画出一张详细的表格，记录花朵的颜色、形状、花瓣数量和气味。通过这些信息，你能猜出这些花朵是如何完成授粉的吗？

花粉

柱头

胚珠

花粉管

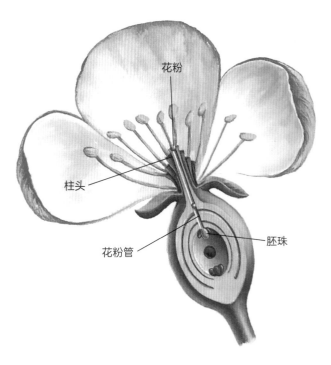

心皮的顶部叫作柱头，柱头黏黏的，可以粘住花粉。接着，花粉沿花粉管进入子房，与胚珠结合。这就是花朵的受精过程。

水果和坚果

花朵受精后，胚珠发育成种子。种子周围长出覆盖物，最后形成果实。果实的形式多种多样，有浆果、坚果、荚果、蒴果和球果等。果实可以保护种子，还可以促进种子的传播。动物采摘果实，吃掉果肉后把种子带到别的地方，丢到土壤里生根发芽。水果和坚果味道鲜美，营养丰富，它们进化程度较高，可以吸引动物采摘。

树上的各种水果和坚果

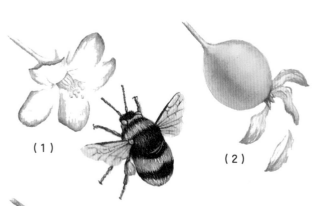

（1）蜜蜂为苹果花授粉，使花粉进到子房里。

（2）苹果花的花瓣凋谢、脱落。

（3）子房和花朵的基部生长后膨胀，形成肉质的果实。

最早的食物

水果和坚果是人类最早的食物之一。很久以前，我们的祖先就开始从树上采摘果实。但这种做法是有风险的，而且采摘到的数量也不稳定。所以从数千年起，人们开始用果核培育果树。精心培育出的果树茁壮生长，结出的果实又多又大又安全，为人们提供了稳定的食物来源。

古埃及的果园

椰子

柚子

李子

柠檬

梨

核桃

苹果

榛子

坚果做成的乐器

坚果体积大，果壳坚硬，里面的种子可以食用。坚果的外壳通常被丢弃，但有时可以拿来制作打击乐器。之前，有人在广播节目中表演敲打被分成两半的椰子壳，结果发出了马蹄的声音。你可以收集一些坚果外壳，尝试制作自己的打击乐器。如果你只收集到较小的坚果壳，可以把它们放进塑料瓶里，做成沙锤等乐器。

橙子

无花果

牛油果

栗子

枇杷

种子的传播

不同的种子有不同的传播方式。树木不能移动，种子为了更好地生长，必须找到阳光和煦、水源充足的地方定居，它们通常以不同的方式到达这样的居所。

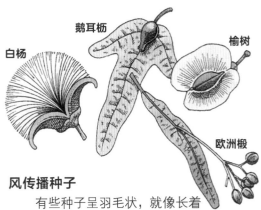

鹅耳枥

白杨

榆树

欧洲椴

风传播种子

有些种子呈羽毛状，就像长着轻巧的翅膀一样。风裹挟着它们在空中旋转，一直飞到较远的地方。有些种子就像松软的白色降落伞，风一吹，就会在空中四处飘散。

动物传播种子

哺乳动物和鸟类喜欢吃柔软的水果、浆果和坚果，但它们只吃果实，而把种子扔到地上。有些种子被动物吃进肚子里，经过消化后却被完整地排出来，真是太神奇了！

樱桃

崩裂的种子

有些树木的种子藏在荚果里，种子成熟后，从荚果中崩裂出来，弹跳后落到地上。荚果的种类非常多，形状各不相同。

金链花

水流传播种子

椰子的果肉一粒一粒的，其实都是种子。椰子的外壳覆盖着粗糙的纤维，落到水里后不容易沉下去，它可以带着种子漂洋过海，最后落到海滩上生根发芽。

椰子

发芽啦，从种子到树苗

如果种子落到合适的地方，周围有适度的阳光和水，就能生根发芽，逐渐长成幼苗。植物通常在春天发芽，因为此时阳光明媚，温度也更加适宜。每粒种子都蕴藏着能量和营养，以便为后期的生长提供必需的物质。但实际上，种子的存活率非常低。一棵橡树每年能结出 5 万多颗橡果，但只有 2~3 颗橡果里的种子可以长成新的橡树。

发芽

种子膨胀过程中，外壳破裂，胚根向下生长，芽向上萌出。有些种子的子叶张开后张力较强，能撑开种荚，使种皮脱落到地面。最先长出的芽叫胚芽，后期会发育成茎秆和枝叶。

松树的发芽过程

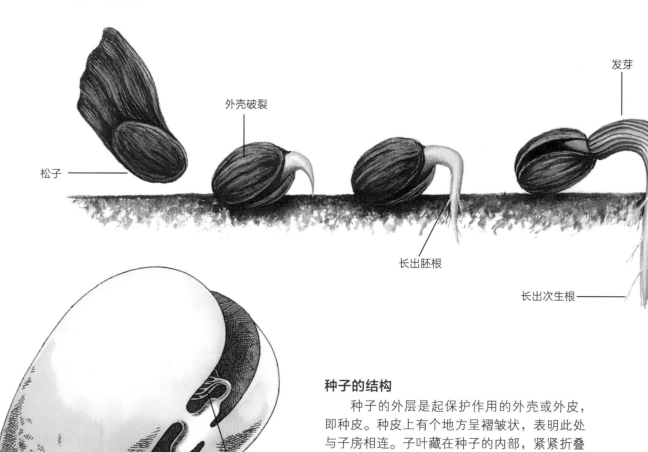

松子

外壳破裂

长出胚根

发芽

长出次生根

种子的结构

种子的外层是起保护作用的外壳或外皮，即种皮。种皮上有个地方呈褶皱状，表明此处与子房相连。子叶藏在种子的内部，紧紧折叠在一起。子叶周围是胚乳层，储存着种子发芽所需的营养物质。有些子叶也从胚乳层中汲取营养，并储存起来。种子发芽后，子叶开始生长，最终变成真正的叶子。子叶的形状通常与我们见到的叶子的形状不同。

子叶

胚乳层

种皮

胚芽（生长基点）

子叶

种皮脱落

根系

自己种树

　　收集一些树的种子，或者保存一些苹果核，把它们放进温水里泡一夜。找一个底部有排水孔的花盆，并在花盆里放入一些土壤和水。将 1 粒大种子或者 2~3 粒小种子放入花盆中，并用土壤覆盖。把花盆放进塑料袋里，扎紧袋口，然后把花盆放到暖和的地方。每天给花盆里的土壤浇水，种子发芽后，解开塑料袋。仔细观察，并记录种子发芽时的高度和长出第一片叶子的时间。

把种子种进湿润的土壤里

确保花盆底部有排水孔

把花盆装进塑料袋里，观察种子的生长情况

渡渡鸟和大颅榄树

　　毛里求斯岛位于印度洋，在马达加斯加岛以东 800 千米处，这里曾是渡渡鸟的故乡。渡渡鸟是一种体形巨大的鸟类，不会飞，以大颅榄树的种子为食。渡渡鸟食用大颅榄树的种子后，会消化掉一部分种皮，而胚芽能被完整地排出体外，落到地面生根发芽。大颅榄树的种子外壳非常坚硬，

渡渡鸟

胚芽无法突破，只能依靠渡渡鸟消化。1861 年，渡渡鸟灭绝了，大颅榄树再也没有长出新的植株。后来，科学家把大颅榄树的种子喂给火鸡，火鸡像渡渡鸟一样排出胚芽后，终于又培育出了一批新的大颅榄树。

大颅榄树

不起眼的树芽

冬天时，树叶落尽，树枝变得光秃秃的，大树只剩下沿着枝条分布的树芽。这些树芽可能是苗芽、叶芽或者花芽，冬天不生长。春天到来后，天气回暖，树芽开始生长、绽放，大树恢复了生机。其中，位于枝条末端的顶芽生长得最快，如果它受损或凋零，旁边就会长出新芽取而代之。

冬季的橡树枝条

休眠芽

叶痕

芽鳞痕

　　树芽脱落后，会在枝条上留下痕迹，被称为芽鳞痕。叶子脱落后，也会留下痕迹，被称为叶痕。我们可以根据芽鳞痕的数量，推断枝条或小树的年龄。测量芽鳞痕之间的距离，可以推断枝条每年的生长速度。即便在生长季节，枝条下端的新芽也没有什么动静，它们被称为休眠芽。休眠芽里面也包含了叶芽和花芽。

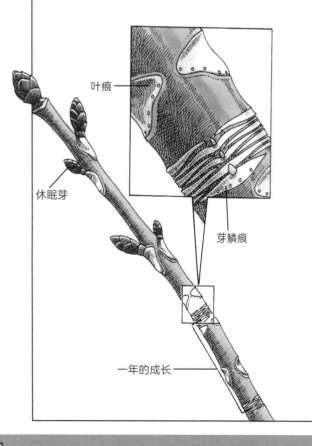

叶痕

休眠芽

芽鳞痕

一年的成长

树芽长成树枝

　　每年，树枝上的嫩芽都会抽出新的枝条。生长季节结束后，树枝上又发育出新的树芽。年复一年，大树的枝条越来越多，越来越茂盛。

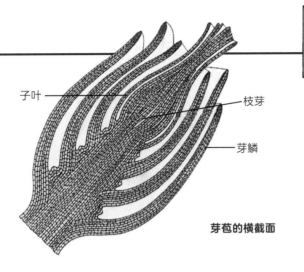

子叶

枝芽

芽鳞

芽苞的横截面

芽苞的内部结构

　　芽苞里面是紧紧裹在一起的幼芽，以后可能发育成枝条、树叶或花朵。芽苞被芽鳞覆盖，既可以防止水分流失，也可以隔绝外界的冷气，同时避免被动物破坏。幼芽有时黏糊糊的，如果没被芽鳞包裹住，就会长出细小的茸毛。春天到来时，天气变暖和，幼芽开始膨大，芽鳞被撑开，芽苞最终绽开。

夏季的榛树枝条

芽苞

芽苞的鉴定

　　根据芽苞的形态，可以判断哪些树是落叶树，哪些树是常青树。冬天时，落叶树的叶子全部凋零、脱落，这是比较显著的特征。树木的种类不同，其枝条和芽苞也有很大的差别。观察枝条上芽苞的排列方式，它们是成对生长还是独立生长的呢？注意芽苞和枝条的形状及颜色，芽苞被茸毛覆盖还是只有芽鳞呢？记录下你的观察结果，并查找相关资料，进一步确认树木的名字。

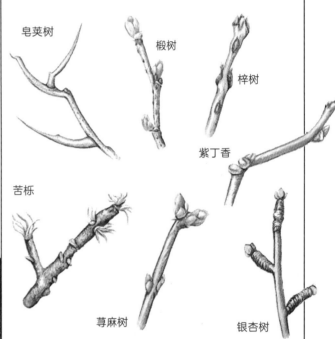

皂荚树

椴树

梓树

苦栎

紫丁香

荨麻树

银杏树

林木害虫

　　云杉卷叶蛾曾经是北美洲破坏力最强的害虫之一。使用杀虫剂之后，这种害虫的数量得到了控制。蚜虫的分布范围极广，破坏性极大，它们在各种树木上产卵，卵孵化出幼虫，以植物的根、茎、叶为食，从而大面积地破坏树木。这些害虫如果迅速蔓延，无论面积多大的林木，都可能在短时间内遭遇灭顶之灾。有时候，蚜虫数量非常多，大量成虫飞向天空，遮天蔽日，毫无节制地蚕食各种植物，给农业和林木业造成巨大损失。

年轮，生长的痕迹

年复一年，大树越长越高，越长越粗，枝叶越来越茂盛。随着大树年龄的增加，树干上的年轮越来越多。树干更加粗壮、牢固，可以支撑越来越多的枝条。树梢的新芽不断发育出新的枝条，下层枝条越来越长、越来越粗。树根在地下大面积伸展，并牢牢扎进土壤中，汲取水分和营养。树上的叶子也越来越多。

形成层
介于边材和树皮之间，每年产生一圈新的边材，使树干变得更加粗壮和结实。

边材
位于心材的外面，由活细胞构成，包含细小的维管，可以储藏营养，在树的内部传输水和树液等。

心材
位于树干中心部位，颜色较深，不包含活细胞和营养物质，主要对树木起支撑作用。

欧洲赤松

一棵树的主要生长部分是树枝的顶端、树干周围和地下的根尖部分。落叶树每年都会更换一批新叶子，常青树则每隔 2~3 年更换一批新叶子。

树木之最
红杉树是地球上最高大的树木之一，有棵红杉树竟然长到了 113 米高。生长速度最快的树是马来西亚的金合欢树，这种树 3 个月就能长到 11 米高。美国加利福尼亚州有一棵古老的狐尾松，树龄达到 4600 年。

金合欢树

红杉树

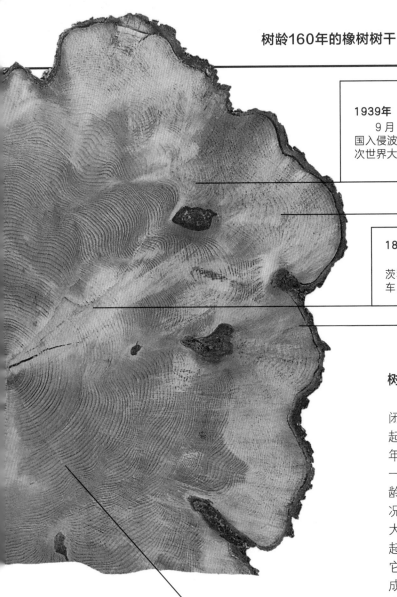

树龄160年的橡树树干

1939年
9月3日，德国入侵波兰，第二次世界大战爆发。

1969年
美国宇航员尼尔·阿姆斯特朗在月球上留下足迹，成为登陆月球的第一人。

1885年
德国发明家卡尔·本茨和戴姆勒各自发明了汽车，开创了汽车工业时代。

1990年
想一想，这一年发生了什么重要的事情呢？

木射线
在树干中横向输导和储藏养分。

树木的年轮

每过一年，树干的横截面上会产生一个闭合的圆形图纹，与之前的图纹组合在一起，形成一个又一个同心圆，这就是树木的年轮。树木的年轮都是环状轮圈，每年形成一个，因此可以根据年轮数量判断树木的年龄。年轮的分布状况也显示了之前的气候状况：在雨水充足的年份里，年轮长得比较宽大；在干旱缺水的年份里，年轮紧紧挨在一起。棕榈树的树干横截面上没有年轮，因为它们的树干由大量无组织纤维构成，没有形成新木材的形成层，所以树干不会变粗，只会越长越高。

制作树木盆景

盆景是我国常见的园艺景观，多由矮树制作而成。市场上的盆景由精心修剪的枝叶设计而成，极具审美品位。你可以用一些简单的材料，尝试制作属于自己的盆景。首先，找到一棵矮生针叶树、一个浅盆、一些堆肥、一把剪刀、一根铁丝和一些回形针。用剪刀修剪矮生针叶树的树根，在树根上缠绕一些铁丝，以限制树根的生长。接着，把矮生针叶树放进浅盆里，在浅盆里填满堆肥，并把枝叶修剪成你想要的样子。最后，把你做的盆景放到阳光充足的地方，别忘了给它浇水哟！

3.修剪枝叶

2.用铁丝绑好根系

1.修剪树根

层次分明的树干

树干支撑树木的全部结构，让树叶可以吸收阳光，让花朵可以完成授粉，让种子可以进行传播。树干上分布着维管，可以向各个部位输送水分和树液，树液中包含矿物质等养分。树干的外层是坚硬的外壳，被称为树皮，对树干起保护作用，避免树干受到动物和真菌的攻击，也使内部组织与外界的严寒和酷暑隔绝。

白桦树的树干

测量树的高度

站在一棵树下，你想知道它的高度吗？可以和小伙伴一起完成这个任务！首先，让小伙伴站在树底下。然后，你拿着一支铅笔往后退，让铅笔笔直地立在地上，直到铅笔的上端与小伙伴的高度平齐，就可以停下来了。用眼睛观察一下，这时的大树大概有几个铅笔的高度，用小伙伴的身高乘以这个倍数，就可以估算出大树的高度啦！

如果要测量树干的周长，可以在距离地面 1.5 米处用卷尺绕树干一圈，得到的数据即是树干的周长。

测量树的高度

木材的历史作用

纵观人类历史，使用木材对改善人们的生活起到了重要作用。从钻木取火到伐木建房，你会发现历史上到处都有木材的身影。

造纸

距今约 2500 年前，中国人发明了造纸术。如今，木浆仍然是造纸的主要原料。

图腾柱

有些美洲原住民生活在太平洋西北岸地区，他们在木材上精心雕刻文字和图案，以记录他们的生活，彰显他们的文明。

棺椁

下图的棺椁来自古埃及，由数千年前的木材雕刻而成，里面安葬着古埃及的一位女祭司。

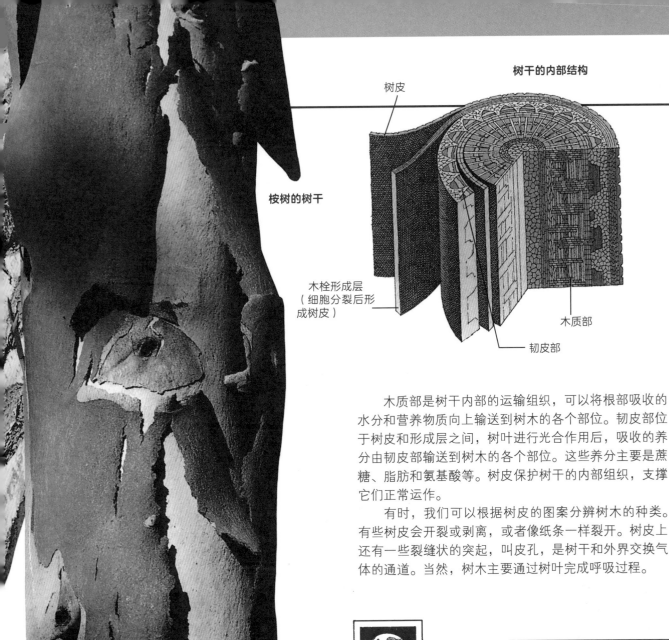

树干的内部结构

树皮

按树的树干

木栓形成层
（细胞分裂后形
成树皮）

木质部

韧皮部

木质部是树干内部的运输组织，可以将根部吸收的水分和营养物质向上输送到树木的各个部位。韧皮部位于树皮和形成层之间，树叶进行光合作用后，吸收的养分由韧皮部输送到树木的各个部位。这些养分主要是蔗糖、脂肪和氨基酸等。树皮保护树干的内部组织，支撑它们正常运作。

有时，我们可以根据树皮的图案分辨树木的种类。有些树皮会开裂或剥离，或者像纸条一样裂开。树皮上还有一些裂缝状的突起，叫皮孔，是树干和外界交换气体的通道。当然，树木主要通过树叶完成呼吸过程。

适应环境

树木的生长环境可能影响它们的生长方式。单株植物往往具有更强的适应能力。如果周围的风始终往一个方向吹，树木的树干和枝条就会明显地朝这个方向生长。北极地区条件恶劣，气候寒冷，当地的山毛榉长得奇形怪状，枝条都是歪歪扭扭的。在树木丛生的地方，树干通常非常挺拔，枝条朝着树梢延伸，以便获取足够的阳光。观察生长在你周围的树木，看看它们为了适应环境做了哪些改变！

北极山毛榉

造船

数千年前，人们就开始用木材造船。古希腊人曾经用木材打造出作战能力极强的三桨座战船。15 世纪时，海上探险家们扬帆越海，使用的也是木造船，如右图所示的荷兰大型帆船。直到 19 世纪，人们才开始用金属制造船舶。

遍及世界的树木之家

树木分布在世界的各个角落，包括那些生存条件极为恶劣的地方，比如沙漠、山区、丛林和寒冷的冰雪地带。树木可以从自然界中自主汲取养分，这一点与动物不同。动物的栖息地周围必须有足够的食物，所以它们的活动范围非常有限。不过，无论树木生长在哪里，它们都需要阳光和水。许多树木经过进化后，具备了某些特质，能适应特定的生存环境。

干旱地区的树

生长在沙漠中的树，面临的最大难题是水源匮乏。热带草原的水资源十分稀缺，生长在此处的猴面包树的树干能储存许多水分，供干旱的季节使用。如果水分用完了，猴面包树的树干就会萎缩。

高山上的树

生长在高山冻土带的树，如矮柳和矮生针叶树，枝条几乎贴着地面生长。因为这里狂风肆虐，风从山坡上侵袭而过，破坏力极大。这些树都不高，有的只有几厘米，抬脚就能跨过去。

北方的松林

一大片松林横跨北美洲、西伯利亚和斯堪的纳维亚半岛，其中多为针叶树。针叶树的枝叶细长，在阳光微弱的地方也能生长得很好。

红树林沼泽

红树林形成于热带地区的河口部位，即河流汇入海洋的地方。红树林中的植被以红树为主，它们必须适应含盐量极高的土壤环境。红树的根部特殊，有极强的适应能力，能在吸收水分的同时过滤多余的盐分。

森林的威胁

酸雨是全世界范围内的气候难题，酸雨污染空气，破坏土壤，对植物的生存造成威胁。酸雨落到土壤里，改变土壤的性质，妨碍植物生长；酸雨落到树叶上，使树叶残损，从而导致树木渐渐枯萎。你住的地方经常下雨吗？雨水的酸度有多高呢？你可以拿出一个干净的桶，收集一些雨水，然后把 pH 试纸放在雨水里浸泡 15 分钟，之后将试纸的颜色与 pH 值标度进行比对，就可以看出雨水的酸度了！

酸雨破坏了树叶

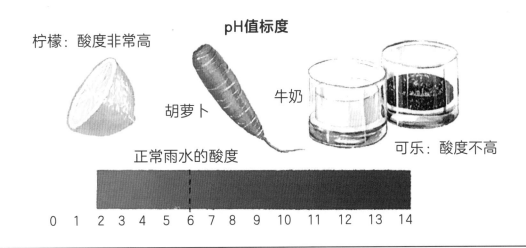

柠檬：酸度非常高

pH值标度

胡萝卜

牛奶

可乐：酸度不高

正常雨水的酸度

0　1　2　3　4　5　6　7　8　9　10　11　12　13　14

热带雨林里的树

热带雨林水分充足，树木疯狂生长。为了争抢阳光，有些树的高度甚至在 50 米以上。这些树汲取了土壤中的所有养分，如果遭到砍伐，就会造成严重的水土流失，导致其他植物无法正常生长。

世界生物群落

根据各地气候及植被种类的不同，可以把地球划分为不同的生物群落，即生物带。生物群落主要受天气状况影响，其中温度和降雨量决定了植物的种类和分布情况。土壤为植物提供生长所需的营养，所以也能影响植物的种类和分布。

以树为家

一棵大树可以成为许多生物的家，为弱小的动物提供躲避天敌的场所，为栖居者遮风挡雨，甚至提供食物、巢穴和冬眠的地点。树木的每个部分都能派上用场，鸟类在树枝或者树干的洞穴处筑巢；昆虫和蜘蛛在根系间爬行或觅食；有些小型哺乳动物在树底下打洞安家；真菌沿着树干生长，以凋落的树叶为食；松鼠穿行在枝叶间，吃橡树的果子；考拉等大型哺乳动物趴在树枝上，以树叶为食。

啄木鸟是一种益鸟，它们很好地适应了林地生活环境。啄木鸟长有锋利的喙，可以在树干上打洞，接着用长而黏的舌头揪出小虫子，并灵巧地将其吃掉。啄木鸟爪子的抓握力很强，停在树干上时方便攀爬和支撑身体，下垂的尾巴可以起到平衡作用。啄木鸟通常在树干或者树枝间筑巢。

树上有什么？

一棵树的周围可能生活着大量生物，一棵橡树也许能支持 400 个物种生存。仔细观察一棵大树，看看这棵大树周围生活着哪些动物和植物，并把你的观察结果记录到笔记本上。观察大树时，别忘了逐步关注大树的树根、树干和树枝。你还可以坐在远处，拿出双筒望远镜观察大树周围的动物，这样得出的结果会更客观、更全面。

被鹿角戳开的树皮

有时，你能找出一些证据，表明某些动物生活在树的周围，并从树的身上获取食物。鹿用鹿角磨蹭树干，戳下树皮吃进肚子里。松鼠、田鼠和兔子喜欢啃咬新生的树皮。

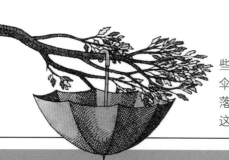

如果你想知道树上生活有哪些昆虫，不妨在树枝上倒挂一把伞，摇晃树枝，看看哪些昆虫会落到伞里。观察完之后，记得把这些小虫子放回原来的地方哟！

拍一些树的照片

吉拉啄木鸟

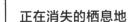

正在消失的栖息地

　　热带雨林分布在赤道附近，那里气候炎热，雨水充沛，适合植物和动物生存。据统计，地球上一大半动植物物种都生活在热带雨林。热带雨林可以调节气候、净化空气，因此被称为"地球之肺"。但是，为了获取木材、放牧牲畜和发展农业，人类在热带雨林大肆砍伐植物，使其遭到了严重的破坏。科学家预言，如果我们持续砍伐热带雨林的植物，也许每半个小时就会造成某个物种灭绝。树懒和狐猴等动物已经完全适应了热带雨林的环境，如果植被被破坏，这些动物就会无家可归。最终，物种多样性遭到破坏，人类本身也会自食其果。

大火烧毁了亚马孙雨林的植被

云雀

叶脉

虫瘿

飞蛾

黄蜂

真菌

橡树
春天
夏天
秋天

枝头的嫩芽开始生长，鸟儿开始筑巢，真菌开始在树干上生长。

花儿散发出芳香的气味，吸引昆虫授粉。毛毛虫咬出一个又一个小洞。幼鸟开始破壳而出。

树叶的颜色慢慢变黄。坚果成熟了，松鼠在枝叶间觅食。

　　真菌和藤蔓之类的植物依附在大树身上，毛毛虫等小型昆虫以树叶为食。昆虫可能对树木有害，导致枝叶畸形，长出虫瘿。枯萎的树叶落到土壤里，腐烂后转化为营养物质，被树根吸收。持续观察一棵大树，并记录下你的观察结果。注意不要伤害树，也不要伤害生活在周围的植物和动物。把纸贴到树干上，然后拿出铅笔描摹，你就能画出树皮的图案啦！捡起落叶，把它做成书签，放进你的笔记本里。有空的时候，你还可以尝试画一画树上的花朵和果实。

词 汇 表

哺乳动物
一种有皮毛且会用乳汁哺育幼崽的动物。

常青树
一年四季都有绿色叶子的树。

虫瘿
部分植物因受黄蜂等昆虫袭击而形成的局部增生。

单叶
同一个叶柄上只生长一片叶子。

冬眠
动物在冬天进入睡眠状态。

复叶
同一个叶柄上生长多片树叶。

光合作用
植物自主制造养分的过程。在这个过程中，植物吸收空气中的二氧化碳，汲取土壤中的水分和矿物质，利用阳光的能量将其转化为简单的糖分。这个过程同时会释放出动物呼吸所需的氧气。

害虫
这里指严重妨害植物生长的昆虫等。

进化
指物种为适应环境改变而做出的身体变化，是一种长时间累积、逐渐演化的过程。

落叶树
冬天叶子会枯萎凋落的树。

灭绝
指一个物种完全消失了。

木质部
植物中将水分和矿物质从根部向上输送的管状组织。

栖息地
动物生活或植物生长的地方，如森林、山区或沙漠。

韧皮部
植物内部由筛管等将叶子制造的养分输送到各部位的组织。

授粉
为了使植物产生新的种子，将雄性花粉粒与雌性胚珠结合的过程。大多数植物都是异花授粉的——花粉需要传播到另一朵花上才能受精。

受精
这里指植物授粉后，雄性花粉粒与雌性胚珠结合产生新种子的过程。

物种
某种具有相同特征的动物组成的群体，是生物分类的基本单位。同一物种的动物可以交配并繁衍后代。

细胞
构成生命体结构的基本单位。

叶绿素
植物叶子中的一种绿色色素。它利用阳光的能量将二氧化碳、水和矿物质转化为一种简单的营养物质。

移动
从一个地方到另一个地方，如游动、飞行或跑。

幼虫
昆虫的幼年形态。

蒸腾作用
植物通过气孔蒸发水分的过程。气孔是叶子背面的小孔。

第二章
振翅飞行的鸟类

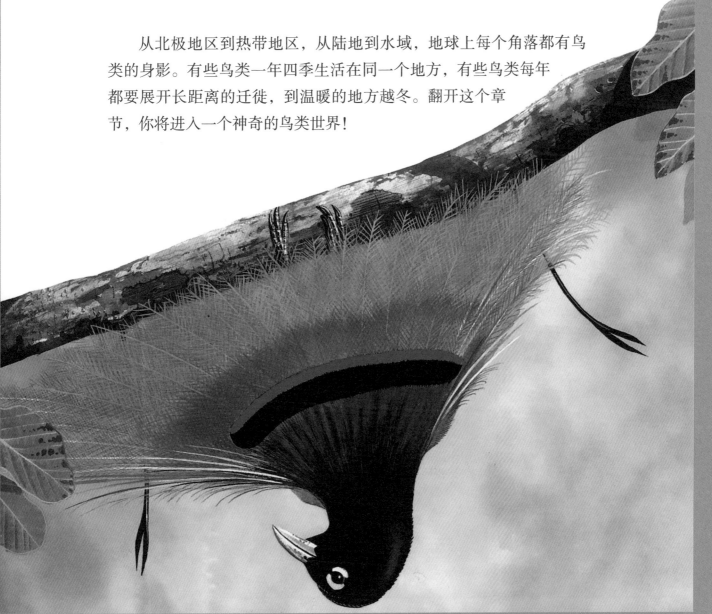

鸟类是最早可以在天空中飞行的恒温动物。它们适应了各种各样的环境，也习惯了各种各样的食物。有些鸟类以水果、坚果和种子为食，有些鸟类吃蜜汁，有些鸟类仅以昆虫为食，有些鸟类吃蛇和鱼等动物。

从北极地区到热带地区，从陆地到水域，地球上每个角落都有鸟类的身影。有些鸟类一年四季生活在同一个地方，有些鸟类每年都要展开长距离的迁徙，到温暖的地方越冬。翻开这个章节，你将进入一个神奇的鸟类世界！

什么是鸟类

鸟类是恒温动物，像人一样呼吸空气。它们是地球上唯一长羽毛的动物，通过产卵繁衍后代。虽然所有鸟类都有翅膀，但企鹅和鸵鸟等鸟类不会飞。地球上大约有9000种鸟类，科学家将它们分成27个目，其中50%以上的鸟类都属于雀形目。

绚丽多彩的金刚鹦鹉生活在热带雨林地区，成群结队，叽叽喳喳。右图展示的是濒临灭绝的金刚鹦鹉。

蓝黄金刚鹦鹉

五彩金刚鹦鹉

第一批鸟类

在地球历史上，所有生物都为适应环境做出了改变，这个过程就是进化，进化可以提高生物的生存概率。大约1.5亿年前，部分爬行动物发生了变化，身上的鳞片变成羽毛，前腿进化成翅膀，于是出现了鸟类。第一只鸟是始祖鸟，大小与海鸥相当，牙齿和蜥蜴的一样锋利。始祖鸟是蹩脚的飞行者，飞行技术并不熟练，它们先爬到树梢，然后借力滑行到天空中。

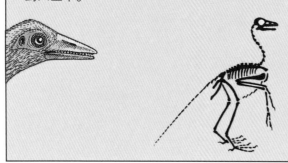

传说和象征

鸟类的进化结果非常成功，它们的踪迹遍布世界各地。数千年来，鸟类在各种文化中都有一定的影响，通常被赋予积极而美好的意义。鸟类会飞行，能在天空中翱翔，这项本领让人类惊叹不已，深受鼓舞。大多数鸟类被认为是传播好运的使者，但乌鸦、秃鹫和其他以腐肉为食的鸟类则被视为邪恶和恐怖的象征。

凤凰

古埃及人崇拜凤凰，但这种动物只存在于神话传说中。传说凤凰会引火自焚，然后在灰烬中涅槃重生。

鸽子

鸽子一般象征和平。在《圣经》的诺亚方舟故事中，诺亚派出鸽子，寻找未被洪水淹没的陆地。

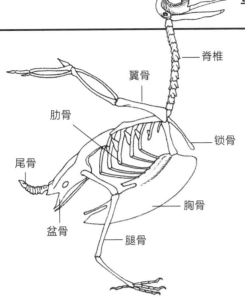

头骨

鸟类的骨骼

翼骨

脊椎

肋骨

锁骨

尾骨

盆骨

胸骨

腿骨

鸟的内部结构

鸟类是脊椎动物，身体由骨架支撑，并由脊椎连接。为了展翅飞行，鸟类必须减轻自身的重量，所以骨骼非常轻。鸟类身体中的大多数骨头都是空心的，内部就像蜂巢一样。除此之外，鸟类没有沉重的下颌骨，鸟喙也非常轻巧。

鸟类纪录

鸟的种类繁多。虽然外形相似，身体结构相差不大，但不同的鸟类，体形、颜色和大小都有区别。有些鸟类数量太多，以致沦为害鸟。有些鸟类，比如加州秃鹰等，则因数量稀少而成了珍稀物种。

五彩金刚鹦鹉

蓝紫金刚鹦鹉

最大的鸟和最小的鸟

鸵鸟是世界上体形最大的鸟，可以长到 2.7 米高。体形最小的鸟是古巴的吸蜜蜂鸟，其大小跟黄蜂差不多。

鸵鸟

最常见的鸟

鸡是一种家禽，也是最常见的鸟类。非洲的红嘴鸟是世界上数量最多的野生鸟类。

家鸡

白鹳

在欧洲，白鹳是好运的象征。传说中，白鹳是送子鸟，将无数婴儿送往千家万户。

鹈鹕

在中世纪（公元 5—15 世纪），鹈鹕深受人们喜爱，被认为是尽职尽责抚育幼鸟的好父母。传说中，鹈鹕会刺穿胸部，用自己的血来喂养幼鸟。

疣鼻天鹅

最重的鸟

疣鼻天鹅是最重的鸟类之一，一只成年疣鼻天鹅的体重可以达到 23 千克。成年的灰颈鹭鸨也可以达到这个体重。

小羽毛，大作用

所有鸟类都有羽毛。像天鹅这样体形较大的鸟类，身上的羽毛多达 2 万片。羽毛有各种各样的功能，形状和大小不同的羽毛，对鸟类来说有不同的意义。翅膀上的羽毛是飞羽，帮助鸟类飞行；尾巴上的羽毛是尾羽，用于改变方向、平衡和制动。羽毛的颜色各不相同，可以用来伪装，也便于求偶。在同一物种的鸟群里，雄鸟的羽毛颜色通常比雌鸟的羽毛艳丽。鸟类的躯体、轮廓和羽毛覆盖方式决定了鸟的外形。

鸟的羽毛种类

纤羽：又称毛状羽，分布在飞羽和尾羽的周围，起方向传感器的作用。

飞羽

羽枝

羽片

廓羽：覆盖在鸟的身体边缘。

羽轴

未成熟的羽绒：起保暖作用。

固定的羽绒：起隔离作用。

羽毛由角蛋白构成，与头发和指甲的物质成分相同。羽毛分量轻，有弹性，非常坚韧。线状羽绒即是羽枝，紧密分布在羽轴的两侧，形成光滑的空气动力学表面。

制作羽毛笔

发明钢笔以前，欧洲人一直用羽毛笔来写字。要制作羽毛笔，最好是从火鸡或家鸡的身上拔一根长羽毛。首先，确保拔下的羽毛是干燥的，然后在距离羽毛顶端约 2 厘米的地方剪开一个凹槽（图 1），接着用针取出羽管内的软体组织（图 2），再剪掉羽管的尖头使之变平整（图 3）。最后，在凹槽的中心位置向笔尖的方向划出一个浅槽（图4），方便墨水从这里流向笔尖。将羽毛笔蘸上墨水，试试用它写一些字。在掌握使用方法之前一定要小心，千万不要把墨水弄到自己身上哟！

1

2

3

4

保持良好的状态

鸟在飞行和活动时，羽毛会受损或变脏。羽毛对于飞行和保持身体温暖至关重要，所以鸟类必须悉心照料自己的羽毛。闲暇时，鸟类用喙整理弄皱的羽毛，有时也用爪子整理自己的羽毛。鸟类尾巴附近有腺体，可以分泌出油，鸟用喙啄这些油，然后将其涂抹到羽毛上，让羽毛能够防水。鸟还喜欢用水或土洗澡，这样可以使羽毛保持清洁，让虱子和寄生虫等无法生存。

雉鸡沐浴在沙土中

历史上的羽毛

长期以来，羽毛一直被人们用于日常生活和庆典礼仪中。数百年来，人们用细小柔软的鸡毛和鸭毛填充被子和枕头。在河边垂钓时，人们也喜欢用羽毛做成昆虫模样的浮标，引诱鱼儿上钩。公元前1000年，中国渔民就已经把翠鸟的羽毛系在鱼钩上了。世界上不少地方的人们喜欢把羽毛做成装饰品，戴在头上或身上，以参加节日庆典或其他活动。肯尼亚的马赛人会在头上戴用鸵鸟羽毛制成的头饰，表明自己已经成为真正的勇士。15世纪，墨西哥的阿兹特克人佩戴用热带绿咬鹃的鲜艳羽毛制成的头饰。20世纪初，欧洲流行用孔雀羽毛或白鹭羽毛修饰帽子的边缘。

伪装色

许多鸟的羽毛颜色艳丽，便于伪装，躲避敌人。当羽毛融入所处的环境之中，鸟类就不会轻易被食肉动物发现并吃掉。相对来说，雌鸟的颜色比雄鸟的颜色朴素一些，因为雌鸟大多数时间都待在鸟巢里，如果它们的颜色过于艳丽，与鸟巢的颜色形成较大反差，就容易被发现。有些鸟甚至根据季节变化改变身上的颜色。冬天的时候，柳雷鸟的身体呈纯白色，与白雪皑皑的环境融为一体；到了夏天，柳雷鸟的颜色变成褐棕色，与筑巢所用草的颜色一致。沙漠云雀的羽毛是土黄色的，与周围的风沙环境一致。

沙漠云雀

阿兹特克徽章

羽绒芯

马赛勇士

在天空中翱翔

鸟类是天空中的斗士，很容易到达更高、更远的地方。相比其他，飞行能力是一个显而易见的优势，这让鸟类可以在更广阔的范围内搜寻食物，而且方便远离陆地上的天敌。尽管大多数鸟类都会飞行，但各种鸟的飞行方式有一些差别。信天翁呼啸着飙升到天空中，然后借助上升的气流滑行。蜂鸟悬停在花朵前，每秒震动翅膀90次，这一速度令人惊讶不已。其他鸟类会奋力挥动翅膀，扑翼飞行。

黑背信天翁
俯冲起飞

雄性安氏蜂鸟
悬停在花朵前

扑翼飞行

扑翼飞行是鸟类最常见的飞行方式。在扑翼飞行的过程中，鸟类胸部的大块肌肉收缩，翅膀下压，然后肌腱通过轮滑作用拉回翅膀，如此往复循环，鸟儿最终飞上了天空。

著名的飞行

伊卡洛斯的故事出自古希腊神话，是很多绘画和诗歌作品的创作素材。伊卡洛斯的父亲代达罗斯是一位杰出的发明家。他们父子俩被困在克里特岛，为了离开，代达罗斯制作了两副翅膀。代达罗斯张开翅膀飞出孤岛，获得了自由。然而，伊卡洛斯太喜欢飞行了，他借助翅膀一直飞啊飞，最后飞到了太阳附近。太阳的高温将翅膀融化了，失去翅膀的伊卡洛斯掉进了大海，最后被淹死了。

伊卡洛斯

不会飞的鸟类

地球上也有不少不会飞的鸟类。鸵鸟和鸸鹋都是鸟类，但不会飞行，科学家认为这可能是因为它们的身体太重了。科学家还认为，这些鸟类是逐渐丧失飞行能力的，主要原因在于飞行对它们而言不是必要的。这些鸟类大多生活在南半球的岛屿上，那里几乎没有天敌。不幸的是，一旦人类登上那些岛屿，这些不会飞的鸟类就有可能遭遇危险，因为此时的它们既失去了防御能力，也失去了逃生手段。恐怖鸟分布在新西兰，体形庞大，能长到4米高，但是也不会飞，现在，这种鸟类已经灭绝了。

恐怖鸟

翼面结构

翅膀

空气

猎鹰的翅膀

仔细观察你会发现，鸟的全身几乎是为飞行而打造的。鸟的翅膀呈翼面形状，翅膀上面从前至后呈略微弯曲的流线型，翅膀下方则是平坦而光滑的。鸟类在飞行时，空气从翅膀上方流过，形成低压区，而翅膀下方则形成高压区。高低压相互作用，推动鸟的翅膀和身体。这种结构非常典型和实用，现代飞机的机翼设计便采用了这种原理。

鸟的飞行动画

动画是由连续的画面构成的场景，如果同一场景的切换速度足够快，就会在我们眼前呈现动态的视觉。我们可以尝试用动画的形式，再现鸟类的各种飞行动作，比如俯冲、振翅、跳跃和旋转。首先拿出一些空白的纸张，装订成简易的笔记本，然后在空白纸上依次画出鸟的飞行动作。如下图所示，先在第一张纸上画出鸟的起飞姿态，然后在下一张纸上画出鸟的下一个飞行姿态，如此继续下去，直到画完鸟的所有飞行姿态。全部画完之后，快速翻动笔记本的页面，你就能看到鸟儿真的飞起来啦！

老鹰

苍头燕雀

凫鸟

不会飞的鸬鹚

鸬鹚的种类非常多，其中大多数都会飞，但生活在加拉帕戈斯群岛的鸬鹚是不会飞的。它们叫弱翅鸬鹚，翅膀已经退化了，虽然不能飞行，但擅长潜入水中抓捕鱼类等食物。

几维鸟

几维鸟分布在新西兰，又名鹬鸵，是一种仅在夜间出行的鸟类。几维鸟的尾巴和翅膀都退化了，它们喜欢摇摆奔跑，四处闲逛。

企鹅

企鹅最初是会飞的，但经过漫长的演化后，最终失去了飞行能力，而成为专业的游泳选手。这种进化结果是由它们的生存环境决定的。企鹅生活在南半球，那里气候寒冷，冰川遍布，只有海里有食物。为了填饱肚子，企鹅的翅膀退化成脚蹼，让它们可以在水下"飞行"。

鹤鸵

鹤鸵是澳大利亚的特有鸟类，身长可达 2 米。鹤鸵有点像鸵鸟，体形巨大，腿很长，而且强健有力，擅长快速奔跑。一般情况下，鹤鸵会保持慢跑，因为这样可以节省体力，以便到达更远的地方。

定期去旅行

　　每年秋天，许多鸟类会飞往温暖的地方，寻找食物果腹，并度过寒冷的冬天。年复一年，它们总是抵达同一地点，毫无偏差。那么，它们是如何做到这一点的呢？科学家仍然没有研究清楚。据推测，有些鸟类依靠太阳导航，夜间飞行的鸟类依靠星星和月亮导航，它们还可能利用河流和山脉等地标来导航。

长距离迁徙

黑雁：
从北极飞到欧洲

北极燕鸥：
从北极飞到南极

欧洲家燕：
从欧洲飞到非洲

成群迁徙
　　大雁和野鸭都是成群迁徙的鸟类。在飞行过程中，大雁排成人字形，由轮流值岗的头雁领飞。

蜂鸟：
从墨西哥飞到加拿大

灰鹱（水剃鸟）：
从北部海洋飞到南部海洋

食米鸟：
从阿根廷飞到加拿大

数一数迁徙的鸟群
　　有些鸟类独自迁徙，但大多数鸟类成群结队迁徙。棕鸟是群体迁徙的鸟类，迁徙过程中的数量可能超过 100 万只。当鸟群从你头顶飞过时，估算一下大概有多少只吧！

夜间迁徙

玫胸白斑翅雀：
从北美飞到厄瓜
多尔

黑喉绿林莺：
从北美飞到巴拿马

令人惊叹的旅程

有些候鸟的迁徙路程极其漫长。北极燕鸥每年从北极飞到南极，然后再飞回北极，往返路程超过4万千米。北极燕鸥秋季从北极出发，到达南极时已经是南半球的夏季了，这也就是说，北极燕鸥每年都在地球的两端分别度过一个夏季。在迁徙过程中，大多数鸟类的飞行高度不超过100米，但斑头雁却要飞越喜马拉雅山脉，它们的最高飞行高度可能超过8000米。

迁徙的地标

鸟类在迁徙过程中，可能依靠地标来导航，防止迷路。下面列举了一些著名的地标，有些鸟类从夏季繁殖地飞往越冬的地点时，会途经这些地标。掌握鸟类迁徙的路径，拿出地图进行比照，并在地图上标注它们会飞过的地方吧！

A. 落基山脉
B. 尼亚加拉大瀑布
C. 亚马孙森林
D. 维多利亚瀑布
E. 阿特拉斯山脉
F. 阿尔卑斯山脉

G. 乌拉尔山脉
H. 尼罗河
I. 阿拉伯沙漠
J. 喜马拉雅山脉
K. 大堡礁

生存游戏

鸟类在迁徙过程中可能面临许多危险。漫长的飞行往往会消耗大量体力，途中还可能遇上暴雨、天敌、意外和饥饿。你可以制作一款迁徙游戏，体验迁徙途中可能遇到的危险。如下图所示，用卡片来制作游戏素材。你可以从东、南、西、北任何一个方向开始，游戏时按顺时针方向转动指针，目标是回到原来的地方。同时准备一些骰子，骰子的点数代表指针每回合可以转动的格数，即鸟类能飞行的距离。如果指针落在红色的格子上，取出事先准备好的卡片，并按照上面的指示来行动。如果指针落在黄色的格子上，表明这一轮平安无事。如果指针落在绿色的格子上，就可以再投掷一次骰子。

骰子

北
西
东
南

方向转盘

鸟模型

翅膀累了
停1个回合

遇到暴风雨
停2个回合

想象鸟类在迁徙途中可能遇到的危险，并写到卡片上。遇到危险时，玩家要接受相应的处罚。当指针落到红色格子上时，玩家必须抽取一张处罚卡片。

不一样的嘴巴

鸟的嘴巴就是鸟喙。鸟喙坚韧而轻盈，主要用于抓取、敲开或猎捕食物。鸟也用喙来整理羽毛，搭筑巢穴。有些鸟喙具有特殊功能，比如食蜂鸟用喙挖开沙丘里的巢洞。鸟喙的大小和形状决定了鸟类能吃的食物种类以及取食的地点。蜂鸟的喙细长而尖利，比整个身子还要长，这种形状让蜂鸟可以吸取大多数花朵上的花蜜。

巨嘴鸟

巨嘴鸟生活在南美洲的热带雨林中，用巨大的嘴巴摘取果实并食用。犀鸟遍布亚洲和非洲等地区，它们的鸟喙十分奇特，人们仍不清楚这种鸟喙有什么特殊功能，但至少能通过鸟喙立即认出它。

犀鸟

几维鸟

鸟类有嗅觉吗？

大多数鸟类的嗅觉非常差，虽然鸟喙中有鼻孔，但主要用于呼吸。有些鸟类的嗅觉非常灵敏，比如几维鸟，它们的视力很差，但因为要在黑暗中进食，所以鼻孔长在长喙的末端，把喙插入地下后，就能嗅出蠕虫的味道。

寻找线索

鸟用喙撬开坚果的外壳，啄食里面的果仁。仔细寻找鸟类进食后留下的残余物，观察并思考这些鸟类在哪些地方寻找食物，以及它们是怎样进食的。

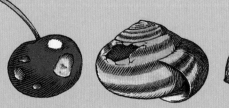

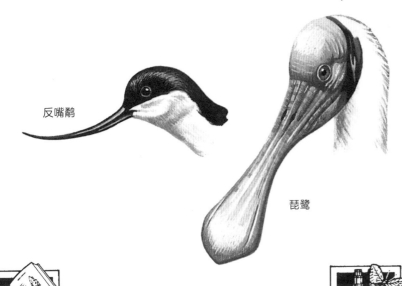

不仅是为了好看

　　为了处理特定的食物，鸟类的喙都有自身的特点，具备特别的功能。鹦鹉的喙呈钩状，可以撬开坚果和种子。鸟喙有时也可以用来捕食，例如，反嘴鹬的喙十分细长，上端翘起，适合在泥巴或深水中搜寻食物；琵鹭的喙又宽又扁，它们用喙在水中来回搅动，捕猎自己的食物。

反嘴鹬

琵鹭

鸟类谚语

　　在日常生活中，有关鸟类的说法很常见，我们使用的部分谚语就是关于鸟类的。谚语是指常用的俗语，是对自然现象的观察和总结，作用是教导和规劝。比如"早起的鸟儿有虫吃"，来源于鸟儿破晓时分就开始寻找蠕虫当食物这个现象。这句谚语是警示人们行动要迅速，否则就得不到自己想要的结果。还有一句关于鸟儿的谚语：鸡蛋未孵出，先别数小鸡。这句谚语的意思是，时机未成熟的时候不要想当然，也许有的鸡蛋还未孵出小鸡就破了呢！想一想，你还知道哪些关于鸟类的谚语呢？

鸟类的生存危机

　　鸟类受到的生存威胁主要是栖息地遭到了破坏。由于农业和畜牧业用地的扩张、城市规模的扩大和旅游业的发展等，鸟类的生存空间逐渐被侵占。除此之外，人类的工业生产活动污染了野生动物的生存环境，危害了鸟类的生命安全。工业废弃物大量排入自然环境中，使环境污染越来越严重。大多数鸟类生活在水源附近，工厂排放的化学物质严重污染了水源。多氯联苯是电子工业中常用的化学物，含有剧毒，被排放到水中会引起严重的水污染。下图这只鸬鹚饮用被污染的水源后，导致鸟喙严重变形。固体垃圾对鸟类也有危害。鸟类从垃圾堆中搜寻食物时，塑料和金属垃圾可能套住鸟喙，使其难以进食，最终只能被饿死。

鸟类也"挑食"

鸟类必须定期进食，获取飞行、筑巢和产卵所需的能量。有些鸟类吃各种各样的食物，比如草、叶子、果实、种子、昆虫、蠕虫和鱼等；有些鸟类只吃一种食物，而椋鸟等几乎什么都吃。一般来说，鸟类的饮食习惯取决于它们的生存环境，以及能够找到的食物种类。所有鸟类大部分时间都在寻找食物。通常来说，鸟类的体形越小，进食频率越高。

火烈鸟进食时，将头部扎入水中，当鸟喙装满水时，头部的短毛上也布满了小虾和水草，这些就是火烈鸟的食物。

军舰鸟

火烈鸟

有些鸟类自己不觅食，反而从其他鸟类口中抢夺食物，比如军舰鸟。军舰鸟追逐和骚扰其他海鸟，设法使海鸟在半空中抛下自己的食物。紧接着，军舰鸟俯冲下去，在食物掉进海里之前将其叼住并吃掉。

给鸟儿做蛋糕

冬季时，你可以尝试给鸟儿做蛋糕，把蛋糕放进花园里，可以吸引鸟儿飞到家里来。制作鸟儿蛋糕的步骤如下：

（1）把花生米碾碎，和奶酪、蛋糕胚、燕麦片以及鸟食混合在一起；

（2）将猪油加热融化后，倒进之前混合好的食物里并搅拌；

（3）在酸奶杯或者椰子壳的底部打一个洞，找一根绳子穿过这个洞，并在绳子的前端系一根火柴，使其能在杯底或者椰子壳的底部扣紧；

（4）把最终混合好的食物倒进酸奶杯或椰子壳里，等待冷却后成形；

（5）把蛋糕挂到树枝上，等待鸟儿飞过来进食。

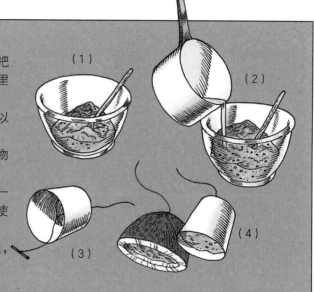
（1）（2）（3）（4）

不同的鸟喙和饮食习惯

太阳鸟：吃花蜜　　　鸣鸟：吃种子　　　秃鹫：吃腐肉　　　蓝鸟：吃各种食物　　　翁鸟：吃昆虫

鸟类的适应能力很强，几乎能吃各种各样的食物。鸟类虽然没有牙齿，不能咀嚼，但胃部有特殊的肌室，可以碾碎食物。有些鸟类会吞下石头和沙砾，帮助消化食物。鸟喙的形状不同，可以获取的食物类型不同。秃鹫的喙非常锋利，可以撕碎腐肉，它们的头部和脖子上没有毛，不然就会被肉块的血水浸透。鸟类在进食过程中，可能会吞下无法消化的东西，比如骨头、皮毛、硬壳种子、果壳和羽毛等。有些鸟类会把这些东西吐出来，吐出的东西呈圆形或椭圆形，叫食丸。这些鸟类每天在两次进食之间吐出一到两颗食丸。猫头鹰、喜鹊和大多数涉禽都会吐食丸。在树下找一找，看看能否找到猫头鹰吐出的食丸。如果你能掰开食丸，说不定还能辨别它都吃了哪些东西呢！

鸟类食物

在很多国家，鸟类和鸟蛋都是非常受欢迎的食物。绝大多数人都吃过鸡蛋、鸭蛋和鹅蛋，有些人还吃过鸵鸟蛋。在有些国家，搜集和食用野生鸟类的蛋是违法的。科学家对鸟类的蛋进行采集和取样，并一一测试了它们的口感，最后得出结论：鸡蛋的口感最好，黑山雀蛋的口感最差。还有些人吃过燕窝。可食用的燕窝是指金丝燕的鸟窝——用唾液和羽绒凝结而成，经过加工后成为一种营养品，深受人们的喜爱。但采集燕窝的过程非常残忍，采集的人只要燕窝，通常把雏鸟和鸟蛋都扔掉了，这种做法严重危害了金丝燕的生存和繁衍。

煎熟的鸡蛋

金丝燕的鸟窝

农业害鸟

有些鸟儿吃昆虫，对农民来说是益鸟；有些鸟儿吃植物的种子和庄稼，对农民来说是害鸟。农民用棍子和旧衣服做成稻草人，插在田地里，警示鸟儿不要靠近，防止鸟儿吞食庄稼和种子。在现代农业中，稻草人的职责由机器人来担任，它们在田地里来回移动，用噪声和闪光吓跑鸟儿。

赶尽杀绝

19世纪70年代，大量北美旅鸽生活在美国东北部的森林里。后来，拓荒者砍伐树木，开垦农田，破坏了北美旅鸽的栖息地。它们无处可去，只能以拓荒者种植的庄稼为食。拓荒者认为这种鸟类是害鸟，于是拿出枪支射杀它们，并捣毁鸟巢，抓走幼鸟。1914年，最后一只北美旅鸽被杀死了。

北美旅鸽

鸟爪作用大

鸟爪的作用非常大，除了用于行走和跑动，还用于抓取和撕扯猎物，甚至可以用于攀爬、游泳和梳理羽毛。大多数鸟爪都有 3~4 个脚趾，但脚趾的形状和大小主要取决于鸟类的生活方式。鹫鸥大部分时间在陆地上行走，所以爪子非常强壮，适合奔跑和抓捕猎物。鸟类夜间栖息在树上，必须用长而有力的脚趾扣住树枝，否则就会掉下来。

为了跑步

鸵鸟的爪子只有 2 个脚趾，这样便于快速奔跑。鸵鸟不会飞，但短距离奔跑的速度非常快，最高速度能达到 70 千米 / 时。

鸵鸟的爪子

蹼鸡的爪子

为了平衡

非洲雉鸻又名长脚雉鸻，脚趾长达 8 厘米，是所有鸟类中脚趾最长的。这种鸟把身体的重量分散到脚趾上，从而可以在睡莲上轻松行走，且不会沉到水里。

绿头鸭的爪子

非洲雉鸻站在睡莲上面

为了游泳

鸭和鹅的脚趾间有脚蹼，在水中游动时可当作桨来使用，落在水面时可作为刹车来使用。蹼鸡的脚趾间有瓣蹼，既方便游泳，也能防止陷入淤泥之中。

鹰的爪子

啄木鸟的爪子

为了抓握

鹰和其他猛禽的爪子锋利且弯曲，便于抓握和撕扯肉食。虽然这些鸟类的爪子非常强壮，但因为脚趾太长，所以不便在陆地上行走。啄木鸟的爪子有4个脚趾，2个脚趾朝前，2个脚趾朝后，这种结构非常有利于它们在树干上攀爬。

梳理羽毛

大多数鸟类用喙和爪子梳理羽毛，使其保持干净和整洁。苍鹭和麻鸦用爪子整理羽毛，因为它们以水中的鳗鱼为食，所以羽毛总是滑腻腻的。为了除去黏液，苍鹭将胸前的部分羽毛分解成粉末，然后将其涂在羽毛上进行揉搓，最后再用爪子上的细齿梳走黏液和粉末。夜鹰是一种在夜间出行的鸟类，以飞蛾和其他昆虫为食。夜鹰的爪子上也有细齿状的结构，用于清除飞蛾身上的鳞片，避免鳞片粘到自己的羽毛上。

麻鸦的爪子

苍鹭的爪子

大蓝鹭在梳理羽毛

制作鸟爪石膏模型

开始制作前，请先准备好以下材料：一个小罐头盒、一根小棍、一张硬纸片、回形针、熟石膏、水、清漆和一把小刀。你可以按照以下步骤制作鸟爪石膏模型：

（1）在地面上寻找一个鸟爪的印迹，用一张3厘米宽的硬纸片围住爪印，并用回形针固定住硬纸片；

（2）把熟石膏倒进小罐头盒里，加水后用小棍搅拌，待熟石膏变得黏稠，将其倒进硬纸片围成的圈中，保证爪印上均匀涂抹了熟石膏；

（3）等待10~15分钟，待熟石膏变干燥后，用小刀撬起熟石膏，清除上面的杂草和淤泥，等待24小时，熟石膏完全成形后再仔细清理，最后给熟石膏涂上清漆，鸟爪石膏模型就做成啦！

把做好的鸟爪石膏模型和书上的鸟爪图鉴对比一下，看看你找到的是哪种鸟的爪子！

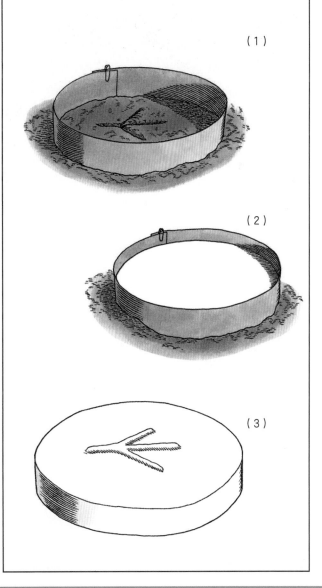

（1）

（2）

（3）

夜间出行的鸟类

大多数鸟类在白天活动，但也有部分鸟类在夜间出行。在夜行性鸟类中，猫头鹰占绝大多数。夜行性鸟类比较特殊，听觉或视觉异常灵敏，擅长识别方向，并在黑暗中寻找食物。鸟类在夜间出行有许多优势，比如觅食的竞争者减少，遇到天敌的概率也变小。

墙面将声音反射回来，提醒油鸱不要往上撞。

油鸱发出咔哒咔哒的声音。

油鸱是一种生活在南美洲的夜行性鸟类，像蝙蝠一样，可以用回声定位来确定距离和位置。它们居住在黑暗的洞穴里，发出咔哒咔哒的声音，声音传播到墙面后会反射回来，提醒油鸱不要撞上去。

猫头鹰

仔细观察猫头鹰的身体结构，你会发现，它们简直就是天生的夜行性鸟类。猫头鹰外观独特，眼睛大，视力好，能及时发现小型哺乳动物和鸟类等猎物。猫头鹰的听觉很灵敏，两只耳朵像缝隙一样，隐藏在羽毛后面。耳朵周围的羽毛状如耳郭，可以捕捉各种声音。猫头鹰的两只耳朵不对称，右耳比左耳宽，高度也不一样，这让它们可以精确地捕捉和定位各种声音。一旦听到猎物的动静，猫头鹰会及时定位，然后悄无声息地向下俯冲，出其不意地将其抓住。猫头鹰全身都有羽毛，羽毛边缘长有锯齿状的茸毛，可以消除飞行过程中产生的噪声。

夜色之下

新几内亚、澳大利亚和新西兰等地区分布着不可思议的夜行性鸟类。鸮鹦鹉是生活在新西兰的特有鹦鹉，它们是一种夜行性鸟类，不会飞，外形像猫头鹰，在森林中寻找食物。蛙嘴夜鹰是分布在澳大利亚的特有鸟类，嘴裂宽似青蛙，并因此得名。蛙嘴夜鹰也在夜间出行，以昆虫为食。白天，蛙嘴夜鹰栖息在树枝上，喙部指向天空，身体的形状和颜色看起来像一条被折断的树枝。

猫头鹰

虽然山鹬的眼睛可以环视四周，但它们双眼的视觉范围较小。

盲区

猫头鹰的头部几乎可以360度旋转，所以它们的眼睛可以看到周围的一切。

双眼视觉

鸟类的视觉

　　猫头鹰等鸟类的视觉范围较广，它们的眼睛直视前方时，双眼之间会形成大角度的视觉重叠，被称为双眼视觉。双眼视觉把两种视象合而为一，通过双眼的视差产生立体视觉，可以准确地判断物体的距离和方位。山鹬等鸟类的眼睛位于头部两侧，可以轻松看清周围的情况，方便逃离捕食者的追击。

在白天

　　白天到来时，夜行性鸟类会找一个安全的地方休息。因为白天总是危机重重，如果被天敌发现，它们很容易受到攻击。天敌一般在白天活动，晚上休息。夜行性鸟类的羽毛通常是棕色、灰色或米色的，这样可以使它们融入环境之中，让天敌无法发现。白天，猫头鹰藏在谷仓中，或者干脆躲进树干上；夜鹰和山鹬一动不动地坐在草地上，羽毛杂乱而黯淡，与地面的草丛融为一体，如此，它们便不容易被天敌发现。

夜鹰

夜行性鸟类与文学

　　猫头鹰是我们熟悉的夜行性鸟类。在许多文化中，猫头鹰被视作睿智的动物。古希腊神话中的智慧女神雅典娜常以猫头鹰的形象示人。在美洲原住民的传说中，猫头鹰通常与强大的力量联系在一起，这种强大的力量可能是超自然的力量。当然，有些传说也将猫头鹰描述为死亡使者。编剧米尔恩则从不同的角度看待猫头鹰，在他创作的《小熊维尼》系列故事中，猫头鹰是一个没什么坏心眼，但非常自负的角色。夜莺也是一种夜行性鸟类，它的歌声婉转动听，激发了许多作家的创作灵感：丹麦作家安徒生专门创作了一篇叫《夜莺》的童话故事；英国诗人约翰·济慈还写下名为《夜莺颂》的著名诗歌。你喜欢哪些夜行性鸟类？你能为它们写一首诗、一则故事或者一支歌曲吗？

鸟儿也有语言

鸟类通过各种方式进行交流和沟通。它们大声鸣唱或尖叫，用声音来确立和捍卫领土，警示同伴，警告敌人，识别同类，或者求偶。有些鸟类还用视觉信号传递信息，它们以特殊的方式飞行，或者做出某些特殊动作，达到传递消息的目的。鸟类的身体颜色也可以传递信息，比如，成群迁徙的野鹅通常跟随前面那头野鹅的白色臀部前进。

非洲鹬振动尾羽。

大山雀向蓝山雀发起攻击。

声音信号

雄性非洲鹬鼓起尾羽，发出嗡嗡声，告诉雌性非洲鹬，自己找到了合适的筑巢地点。

识别鸟类的歌声

鸟类能发出各种各样的声音，比如唧唧声、喳喳声、呢喃声和啁啾声。有些鸟群通过哼唱特定的音调，来保护自己的领土。优秀的鸟类观察家可以听懂鸟类的歌声，并通过歌声识别鸟儿的种类。你想学会识别不同鸟类的歌声吗？掌握这项本领需要经过长时间的训练。选择清晨或黄昏的时候出发，带上笔记本，到公园里仔细聆听鸟儿的哼唱，试着描述鸟儿的歌声，并模仿鸟儿的鸣唱。有些鸟儿的名字和它们的歌声很像，你能通过歌声猜出它们的名字吗？多多聆听和练习，不久之后，你就能通过歌声识别不同的鸟类啦！

CHIRI-TI-TEW

WIS YOO

TYO-TO

黄鹂在唱歌

通过吹口哨，你可以重现某些鸟儿鸣唱的曲调。试着找到鸟儿鸣唱的录音，仔细听一听，这对你识别鸟类的歌声有好处哟！

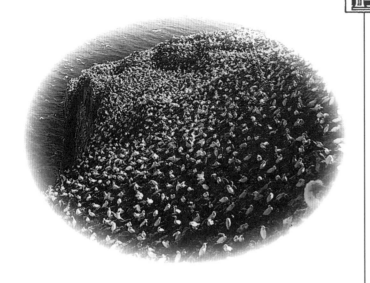

人说话的声音和鸟叫声不同。人的声带位于咽喉上方，人在说话时，呼出的空气经过声带，使之形成振动，于是产生了声音。其次，我们的鼻腔、嘴唇、舌头、脸颊和牙齿的活动也能调节和改变声音。鸟类没有声带，它们依靠气管底部的鸣管发声。鸟类活动喉头中的微小肌肉，从而发出各种各样的声音。它们不用舌头或脸颊改变喉头的声音，所以闭着嘴巴也能发出鸣唱。人类婴儿刚出生时就具有发声的能力，而且不断向周围所有人学习说话的本领。鸟类却不同，小鸟一般先学会自己鸟群里的声音，然后再去模仿其他鸟类的声音。

保持联系

有些鸟类可以识别彼此的声音。海鸟和企鹅集群筑巢，成员数量可达十几万只。鲣鸟是一种在海边集群生活的鸟类，它们将鸟巢修筑在一起，显得十分拥挤。雌性鲣鸟孵蛋时，雄性鲣鸟必须穿过众多的鸟巢外出觅食，然后带着食物返回来。如果找到食物的雄性鲣鸟看不到自己的伴侣，就大叫一声宣布自己回来了，雌性鲣鸟听到叫声后及时应答，引导雄性鲣鸟回到自己的鸟巢。

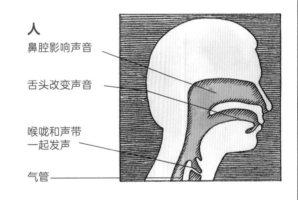

人

鼻腔影响声音

舌头改变声音

喉咙和声带一起发声

气管

会说人话的鸟类

数百年来，人们把不少鸟类当宠物来养。其中，鹦鹉是最受欢迎的鸟类宠物。宠物鹦鹉包括凤头鹦鹉和金刚鹦鹉，它们可以模仿各种声音，尤其是人说话的声音。非洲灰鹦鹉也擅长模仿人说话。不幸的是，饲养鹦鹉成为潮流和炫耀的资本，反而对它们的生存造成不利影响。捕鸟人捕捉这些鹦鹉时很残忍，不少鹦鹉因此被误杀或受伤。而且，在运输过程中，很多鹦鹉因窒息或感染恶疾而死亡。种种情况威胁鹦鹉的生存，导致它们的数量越来越少。

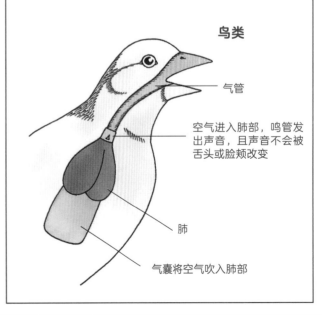

鸟类

气管

空气进入肺部，鸣管发出声音，且声音不会被舌头或脸颊改变

肺

气囊将空气吹入肺部

各显身手：求偶

与其他动物一样，鸟类也需要寻找伴侣交配和繁殖。雄鸟之间的竞争异常激烈，它们以不同的方式吸引雌鸟：有些雄鸟通过唱歌和跳舞吸引雌鸟，有些雄鸟通过高超的筑巢本领吸引雌鸟，还有些雄鸟通过狩猎吸引雌鸟。有些雄鸟在繁殖季节会长出绚丽的羽毛来吸引雌鸟，例如角嘴海雀的鸟喙在繁殖季节变得十分鲜艳，繁殖结束后就开始褪色。

奇特的喉囊

雄性军舰鸟的喉咙下方长有鲜红的喉囊，且皮肤裸露。为了吸引雌鸟，雄性军舰鸟会鼓起喉囊，就像撑起一个巨大的气球，好几个小时都不泄气。雌性军舰鸟被雄性军舰鸟吸引后，会用头部轻轻摩擦它的喉囊。

流苏鹬

军舰鸟

美丽的羽毛

雄性流苏鹬在特定的场所展示美丽的流苏状羽毛，通过跳舞来求偶。这种场所被称为求偶场。雄性流苏鹬会捍卫自己的小片领土，并在其中展示自己的独特技能。

体贴的雄鸟

有些雄鸟，比如英国的知更鸟，会在求偶时给雌鸟献上鲜美的食物，以表明自己的觅食技能。

知更鸟

适者生存

不同鸟类有不同的求偶方式：雄孔雀抖动尾羽，展开艳丽的扇状尾屏，吸引雌孔雀；雄性风鸟擅长跳舞，以优雅的舞姿吸引雌性风鸟。求偶是指雄鸟通过某种方式来吸引雌鸟的注意，并打动雌鸟的芳心。如果雄鸟的外表或者某种技能的确可以打动雌鸟，那么这种特征便会遗传到下一代，从而延续鸟类族群的繁衍。这个过程表现的是适者生存的道理，也是生物进化的一大特点。

查尔斯·达尔文是英国著名生物学家，于19世纪50年代提出进化论。

这只雌性风鸟每年都会欣赏到雄鸟独特的求偶舞。

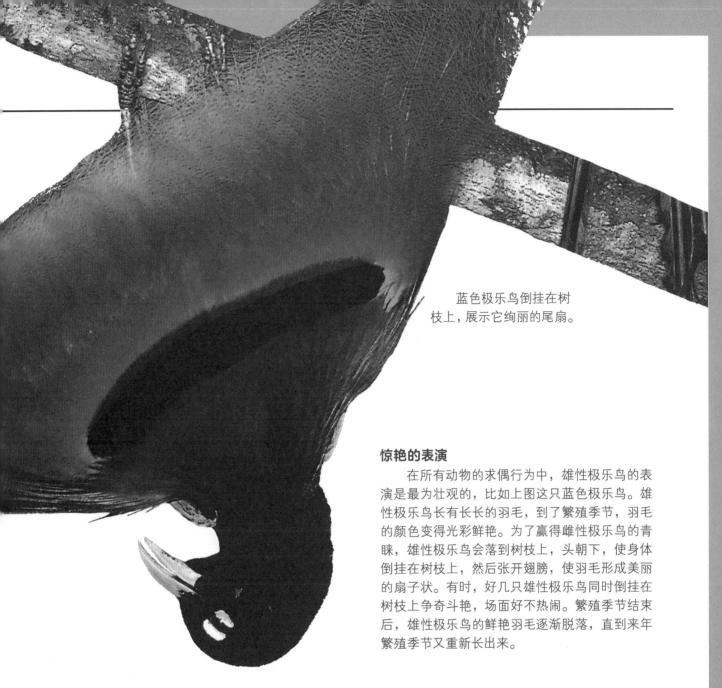

蓝色极乐鸟倒挂在树枝上，展示它绚丽的尾扇。

惊艳的表演

在所有动物的求偶行为中，雄性极乐鸟的表演是最为壮观的，比如上图这只蓝色极乐鸟。雄性极乐鸟长有长长的羽毛，到了繁殖季节，羽毛的颜色变得光彩鲜艳。为了赢得雌性极乐鸟的青睐，雄性极乐鸟会落到树枝上，头朝下，使身体倒挂在树枝上，然后张开翅膀，使羽毛形成美丽的扇子状。有时，好几只雄性极乐鸟同时倒挂在树枝上争奇斗艳，场面好不热闹。繁殖季节结束后，雄性极乐鸟的鲜艳羽毛逐渐脱落，直到来年繁殖季节又重新长出来。

极乐鸟的命运

数百年来，新几内亚原住民喜欢用极乐鸟的鲜艳羽毛做装饰，让自己显得勇敢而美丽。人们戴着精心制作的华丽羽毛头饰，去参加热闹的部落舞会，希望吸引异性的注意。虽然这种行为的确杀害了一些极乐鸟，但并没有对它们的生存造成威胁。1522 年，西班牙商船把极乐鸟带到欧洲大陆，由此改变了这种鸟类的命运。19世纪末，欧洲人对极乐鸟羽毛的需求大增，导致极乐鸟的数量急剧减少。现在，极乐鸟是一种受保护的动物，它们的数量正在缓慢恢复中。

新几内亚
原住民

建筑家园

大多数鸟类都在鸟窝里下蛋。鸟窝又叫鸟巢，里面温暖而安全，既适合孵化鸟蛋，也适合养育雏鸟。鸟类通常用草、叶子、树枝、泥土和羽毛等材料筑巢，有些鸟类也用铁丝网等特殊材料来筑巢。鸟巢的形状和大小各不相同：蜂鸟的体形很小，鸟巢也就小，形状就像深口的杯子；老鹰的体形很大，鸟巢也就大，就像巨大的平台。

红头编织雀在筑巢

熟练的织巢鸟

修筑鸟巢时，雄性织巢鸟先将一根草缠绕在树枝上。要想让这根草缠绕成功，它必须尝试很多次。之后，雄性织巢鸟将更多的青草和叶子编织进去，在树枝上搭出球形的鸟巢。有时，数百只雄性织巢鸟同时在树枝上筑巢，场景十分壮观。雄性织巢鸟筑好鸟巢后，会将身体倒挂在树枝上，拍动翅膀来吸引雌性织巢鸟的注意。如果雌性织巢鸟对鸟巢感到满意，便会进入里面，和雄性织巢鸟开启新的生活。

寄生的鸟类

雌性布谷鸟既不修筑自己的鸟巢，也不养育自己的雏鸟，而是选择侵占其他鸟的鸟巢。布谷鸟总是虎视眈眈，趁其他鸟类不注意时，便把自己的蛋产到它们的鸟巢里。布谷鸟的蛋和鸟巢里的蛋非常相似，正在孵蛋的雌鸟没有发现任何异常，于是就把布谷鸟的蛋和其他蛋一起孵化了。小布谷鸟破壳而出，伪装得和其他雏鸟一模一样，于是雌鸟继续哺育它。没想到的是，小布谷鸟会把其他雏鸟推出鸟巢，好让自己独享雌鸟带回的食物。一天天过去，小布谷鸟越长越大，甚至长得比雌鸟还要大。

小百灵的蛋

布谷鸟的蛋

正在孵化的三道眉草鹀

正在孵化的布谷鸟

布谷鸟的蛋很像其他鸟类的蛋

小布谷鸟生活在"养父母"的鸟巢里

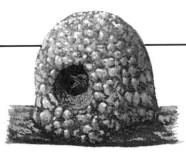

棕灶鸟

棕灶鸟混合泥土、枯草和毛发来修筑鸟巢。它们的鸟巢呈球形，就像老式的灶台。

角嘴海雀

角嘴海雀生活在悬崖峭壁上。它们居住的地方必须有洞，这样才能产蛋。所以，它们要么自己挖洞，要么占据其他动物挖好的洞。

缝叶莺

缝叶莺以喙为针，用蜘蛛网的丝线把树叶缝合起来，最后筑好自己的巢穴。

自然界中的形状

我们不仅可以在数学课本中见到各种几何形状，也可以在自然界中找到它们的存在。雨燕衔来泥草，在角落里修筑三角形的鸟巢。芦苇莺等鸟类擅长编织球形的鸟巢，棕灶鸟的鸟巢就像球形的土灶。沙燕在地上打洞，鸟巢像圆柱形的隧道。织巢鸟修筑的鸟巢像一颗泪滴。想一想，你还知道哪些鸟儿的鸟巢呢？它们的鸟巢是什么形状呢？

修建鸟巢箱

修建鸟巢箱是吸引小鸟进入你家花园的方式之一。喜欢在洞里生活的鸟类，比如大山雀，会在鸟巢箱里养育雏鸟。你知道怎样制作鸟巢箱吗？你想制作属于自己的鸟巢箱吗？首先准备好以下材料：1块木板（长150厘米、宽15厘米、厚1厘米）、1截旧的汽车内胎或皮革、2副钩环、24枚钉子（长3.5厘米）、1把锯子、1把手摇曲柄钻（28毫米）。如下图所示，按照指示的尺寸切割木板，用手摇曲柄钻在前板上开一个孔。把边长25厘米的2块板子钉到背板上，然后把前板钉到边长20厘米的2块板子上，再钉好鸟巢箱的底板。把条状的汽车内胎或皮革钉到鸟巢箱的顶板和背板上，使之形成一个铰链装置。在上面安装钩环，使顶板扣紧。将鸟巢箱挂到窗户上你能看到的地方，注意要距离地面3米高。这样，你的鸟巢箱就完成啦！

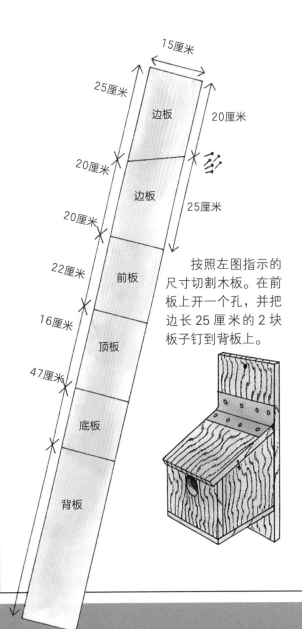

按照左图指示的尺寸切割木板。在前板上开一个孔，并把边长25厘米的2块板子钉到背板上。

雏鸟破壳而出

与爬行动物的祖先一样，所有鸟类都会下蛋。当然，不同鸟类的蛋，在数量和颜色方面有所差别。雌性帝企鹅只在繁殖季节产下 1 枚蛋，而斑眼塚雉每年会产下 35 枚蛋。鸟蛋的颜色取决于鸟类产蛋的地点，以及是否需要进行伪装。雏鸟在鸟蛋里面发育，鸟蛋里面存储的营养物质为胚胎提供能量来源，还为孵化中的雏鸟供给氧气。

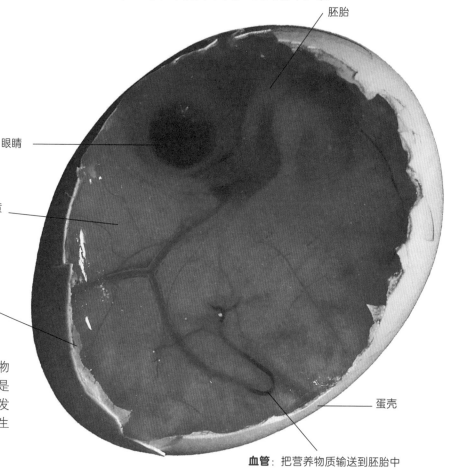

发育10天后的雏鸟

胚胎

眼睛

蛋黄

膜：通过蛋壳里的孔把空气输送到胚胎中

蛋壳

血管：把营养物质输送到胚胎中

鸡蛋里面

蛋白和蛋黄为胚胎提供营养物质，促进胚胎发育和生长。蛋白是透明的，肉眼很难看见，可以为发育中的雏鸟提供蛋白质、水和维生素；蛋黄可以提供蛋白质和脂肪。

不同的鸟蛋

有些鸟类、蛇和哺乳动物以鸟蛋为食。为了避免被吃掉或者被破坏，鸟蛋必须学会伪装和隐藏。每种鸟的蛋不同，大小也不一样。有些雏鸟孵化前，会在蛋里待很长时间，这要求鸟蛋必须足够大，而且里面存有雏鸟发育所需的全部营养物质。鸟的种类不同，产蛋的数量也不同。如果鸟蛋的存活率和孵化率较高，鸟类产蛋的数量就相应会少；如果鸟蛋的存活率和孵化率较低，鸟类就要产下更多的蛋。

鸻的蛋

鸻是一种小型鸟类，大多生活在空旷的地面，常在露天环境中产蛋。它们的鸟蛋表面有斑纹，与周围的环境十分相似，便于伪装。

猫头鹰的蛋

猫头鹰把蛋藏在窝里、洞里或者空心的树干中，所以不需要伪装。大多数鸟类产的蛋都是圆形的，蛋壳通常是白色的。大部分鸟类每次产下 2~6 枚蛋。

测试蛋壳的硬度

蛋壳必须十分坚硬，才能在雏鸟的发育过程中起到保护作用。你可以开展实验，来检测蛋壳的硬度。首先，准备一个塑料瓶，并剪掉瓶底；然后，准备一个烧杯、一些破碎的蛋壳和一些沙子。将蛋壳放进烧杯内，记得要让蛋壳的大头朝上。将瓶颈靠近蛋壳，然后慢慢往瓶子里面添加沙子，直到沙子的重量压破蛋壳。记录蛋壳破裂时总共用到的沙子的重量，再拿另一个蛋壳继续做实验。比较一下，前后两个蛋壳所承受的沙子的重量一样吗？

—— 倒置的塑料瓶

—— 沙子

—— 蛋壳

孵卵

鸟蛋需要在35℃的环境条件下，才能孵化出雏鸟。雌鸟坐在鸟蛋上，用胸部的温暖皮肤孵化鸟蛋。鸟类的孵化期长短不一，啄木鸟的孵化期是 10 天，信天翁的孵化期将近80 天。孵化后，雏鸟破壳而出，它们一般用喙上的卵齿敲开蛋壳。卵齿是一块硬化的角质物，敲开蛋壳后会自行脱落。雏鸟破壳而出的时间各不相同，有些幼鸟只需 1 个小时就能破壳而出，而信天翁的幼鸟需要 6 天左右才能破壳。

比较大小

我们判断大小的方法之一是在两个物体之间进行比较。虽然下图没有显示鸟蛋的实际尺寸，但是我们熟悉鸡蛋的大小，因此可以通过对比，来估算其他鸟蛋的大小。这是我们常用的比较大小的方法。

海鸠的蛋

海鸠不筑巢，它们在悬崖边产蛋。这种鸟蛋的一端是尖的，因此可以悬挂在悬崖边，而不致滚落下去。

燕鸥的蛋

燕鸥生活在水边，经常在海滩上筑巢。燕鸥 每次产 2~4 枚蛋，颜色与沙土相似，上面布有黑点。这些鸟蛋散落在海边，远远看去就像海边的石头一样。

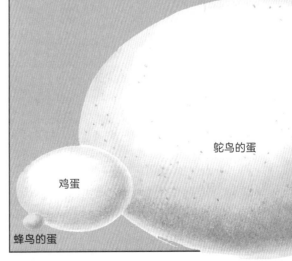

鸵鸟的蛋

鸡蛋

蜂鸟的蛋

四海为家

鸟类因为能够飞行，所以活动范围十分广阔，适应能力也很强。总的来说，鸟类几乎遍布地球每个角落，从冰雪覆盖的极地地区到炎热的沙漠，从湍急的河流到平稳的小溪，到处都有它们的踪迹。飞行能力让鸟类能够抵达各种各样的地方，有机会获取各种各样的食物。作为恒温动物，鸟类还有一个优势：无论外界天气如何变化，它们体内的温度都是恒定的，可以永远保持活力。

南极企鹅

南半球分布有 16 种企鹅。尽管南极大陆常年被冰雪覆盖，却分布着包括帝企鹅在内的 6 种企鹅。帝企鹅是体形最大的企鹅，身高能达到 1 米左右。

热带鸟类

热带地区的鸟类约占鸟类总数的 2/3，其中包括咬鹃和鹦鹉。雨林中的鸟类颜色鲜艳，彩虹鹦鹉的鲜绿色羽毛常与树叶融为一体，它们身上五彩斑斓的颜色通常被误认为是花朵或水果。

观鸟

观鸟的最佳场所是公园、花园或林区。你可以在这些地方静静地坐着观察，不要打扰鸟类。在森林里，你会发现动物都喜欢待在自己的特定区域里。有些鸟喜欢在地面觅食，有些鸟在灌木丛中筑巢，还有些鸟在树枝上唱歌。耐心观察，记录不同鸟的颜色、形状和行为，以及发现它们的时间和地点，你能否从中总结出一些规律呢？

沙漠鸟类

走鹃是生活在北美洲和中美洲沙漠上的鸟类，它们很少飞行，但在追击昆虫、蜥蜴和蛇等猎物时会迅速出击。由于沙漠环境十分酷热，它们白天躲在阴凉处，直到太阳下山后，空气和地面温度降下来，才会开始到处活动。

山区鸟类

有些猛禽生活在高山上，比如上图这只金雕。它们随着上升的气流滑翔，并同时留意地面的猎物。它们喜欢在悬崖上筑巢，并在那里养育雏鹰，以便保护雏鹰不被天敌伤害。

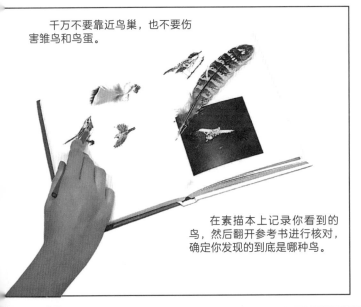

千万不要靠近鸟巢，也不要伤害雏鸟和鸟蛋。

在素描本上记录你看到的鸟，然后翻开参考书进行核对，确定你发现的到底是哪种鸟。

国鸟

世界上每个国家都分布有鸟类。许多国家把该国特有的鸟或者迁徙途中会经过本国的鸟当作国鸟，作为自己国家的象征。一些国家在选择国鸟时，主要考虑鸟的美观度、稀有度和其他特殊意义。有些鸟的形象甚至被应用到国旗和国徽之中。想一想，你还能找到鸟的其他类似用途吗？

澳大利亚

澳大利亚的国鸟是黑天鹅，这种天鹅是南半球仅有的 3 种天鹅之一。除了白色的飞羽和红色的喙，黑天鹅全身都是黑色的。

巴布亚新几内亚

巴布亚新几内亚的国旗上有极乐鸟的形象。极乐鸟是巴布亚新几内亚境内特有的鸟，因耀眼的羽毛和求偶特技而闻名世界。

美国

美国的国鸟是白头鹰，也叫白头海雕。白头鹰强壮有力，英姿威武，这种鸟的形象于 1782 年被加到美国国徽上。

埃及

埃及的国旗上有一只红隼，它象征着力量。红隼是一种猛禽，被古埃及人视作神鸟，且常被制作成木乃伊。

乌干达

乌干达是位于东非的国家，它的国旗上展示了一只非洲冠鹤，即皇冠鹤。皇冠鹤分布在乌干达境内，因漂亮的外表和艳丽的舞姿而深受人们喜爱。

词 汇 表

阿兹特克人
印第安人中的一支，主要生活在北美洲南部的墨西哥，历史上曾建立阿兹特克帝国。

冰川
多年存在且沿地面运动的天然冰体，位于极地或高山地区。

雏鸟
不能独立生活的幼小鸟类。

繁殖季节
指适合鸟类等野生动物进行繁殖的季节，这时往往生存条件良好，食物和水源充足。不同动物的繁殖季节各不相同。

恒温动物
能自主调节体温的动物，这种动物的体温具有稳定性，受环境温度影响较小。

喙
这里指鸟的嘴巴。

脊椎动物
有脊椎骨的动物。

猎物
与天敌相对的受害者，通常被天敌捕食。

鳞片
这里指飞蛾表面的细微结构，也叫鳞粉。

流线型
指物体表面平滑而有规则的形态，所受空气阻力较小。

鸟巢
鸟类的栖息场所，通常用干草、干树枝或泥巴筑成。

蹼
这里指鸟类脚趾中间的薄膜，可用来划水。

气囊
鸟类辅助呼吸的器官。

迁徙
指因栖息地环境发生变化，鸟类等动物迁移到适合生活的地方，之后再迁移回来的行为。动物的迁徙行为具有季节性特征。

清漆
一种透明涂料。

热带雨林
位于赤道附近热带地区的森林，气候炎热，降雨充沛，季节差异不明显，蕴藏丰富的生物资源，且被称为"地球之肺"。

天敌
指自然界中专门捕食或危害另一种动物的动物。

拓荒者
指开拓荒地的人。

伪装
动物用图案、颜色和形状等迷惑其他动物的行为，可以避免被天敌或猎物发现。

吸蜜蜂鸟
一种世界上最小的鸟，以各种花朵的花蜜为食，体形小，振翅速度快，鸣叫声高昂而响亮。

咽喉
指喉咙，是人体进行饮食、呼吸和发声的器官。

夜行性
在夜间出行和活动的习性。

原住民
指很早就固定居住在某个地方的族群，与外来者相对。

珍稀物种
数量较少而珍贵的动植物品种。

中世纪
欧洲的一个历史时期，介于古典时代和近现代之间。

第三章
神奇的昆虫世界

昆虫出现于 4 亿年前，是地球上第一批会飞的生物。昆虫无处不在，几乎分布在地球的每个角落，在水域、陆地和天空中，都能看到它们的身影。

昆虫的数量比其他所有动物加起来的数量都要多，随着栖息地被破坏，它们的灭绝速度也比其他动物快得多。翻开这个章节，你将深入了解更多关于昆虫的知识。如果有机会的话，你可能会发现一些新物种哟！

什么是昆虫

在地球上的所有生物中，昆虫的数量是最多的，种类占据地球生物的 50% 以上。按照占地面积来讲，地球上每平方米的土地上大概分布有 1 万只昆虫。昆虫的种类繁多，但身体结构差别不大。昆虫的适应能力很强，几乎吃各种各样的食物。所有昆虫都是节肢动物，身体大致分为三大部分：头部、胸部和腹部。

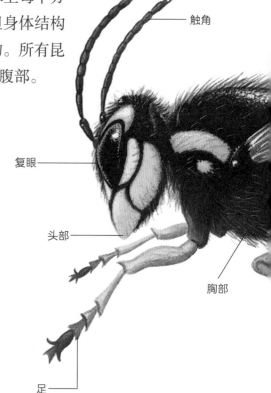

触角

复眼

头部

胸部

足

昆虫的皮肤由甲壳质构成，这种物质又称甲壳素或几丁质，是形成昆虫硬质外壳或外骨骼的主要物质，能保护昆虫体内的器官。昆虫足部和侧翼的肌肉紧紧固定在外骨骼上，既能防水，又能透气和防止脱水。昆虫体表有一些小孔，被称为气孔，气孔连接呼吸管，是昆虫的重要呼吸器官。昆虫的外骨骼不生长，如果体形逐渐变大，旧的外骨骼会脱落，并被新的外骨骼取代。有些昆虫的外骨骼上有特殊图案或鲜亮的颜色，主要用于伪装和警戒。

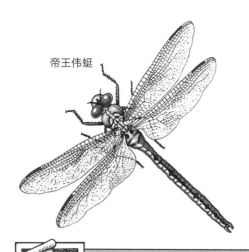

帝王伟蜓

蟑螂

蟋蟀

萤火虫

所有昆虫都有 3 对足。上图展示了一系列常见的昆虫。

昆虫化石

大约 4 亿年前，昆虫首次出现在地球上。早期的昆虫没有翅膀，以陆地植物的汁液和孢子为食。后来在进化过程中，昆虫逐渐长出翅膀，脱离地面。总的来说，昆虫学会飞行的时间大约要比鸟类早 1.5 亿年左右。右图是早期的蜻蜓化石，所处的年代距今大约 3 亿年左右，当时的蜻蜓生活在石炭纪的炎热森林里，与恐龙的祖先为伴。

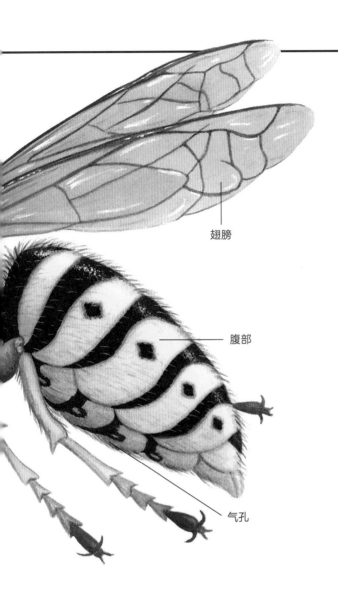

翅膀

腹部

气孔

《圣经》中的昆虫

　　《圣经》中有很多关于参孙的故事。参孙是一位力大无比的英雄，其中有则故事讲述了他杀死一头狮子的过程。他杀死狮子后，发现尸体上飞出了蜜蜂，蜜蜂身上有蜂蜜。于是他把自己的发现编成了谜语："食者口中出肉食，强者口中出甜食。"没人能猜出这则谜语的谜底是什么。事实上，从狮子身上飞出来的可能不是蜜蜂，而是以腐肉为食的腐肉蝇。关于故事中的蜂蜜，没有人能说清到底是怎么回事！

参孙在狮子身上发现了蜜蜂。

　　昆虫脑部的组织非常简单，其主要作用是获取感觉器官接收的信息，并控制肌肉的运动。昆虫的胸部由三节组织构成，连接足部和翅膀。另外，昆虫的消化器官和繁殖器官也分布在胸部。

七星瓢虫

青蝇

红节腹天蛾

木蚁

昆虫的近亲

　　昆虫属于节肢动物，身体由体节和坚硬的外骨骼构成。右图展示了其他节肢动物，但它们并不是昆虫：蜘蛛的身体分为头胸部和腹部两大部分；千足虫（马陆）和蜈蚣都有很多体节，而且每个体节上都长有足。

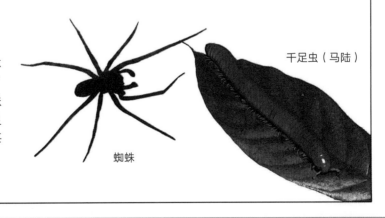

千足虫（马陆）

蜘蛛

昆虫的生命周期

昆虫产卵，并从卵中孵化出新生命。幼虫刚出生时不断进食，进食越多，生长越快。幼虫成年后蜕掉外皮或者毛，变为成虫。成虫的目标是交配和产卵，生命周期如此往复循环，生生不息。幼虫长大变为成虫，这个过程叫作变态发育。有些幼虫变为成虫的过程十分缓慢，有些幼虫变为成虫的过程十分迅速。在同一昆虫类别中，幼虫的身体形态和饮食习惯与成虫有很大区别，这种发育方式被称为完全变态发育。

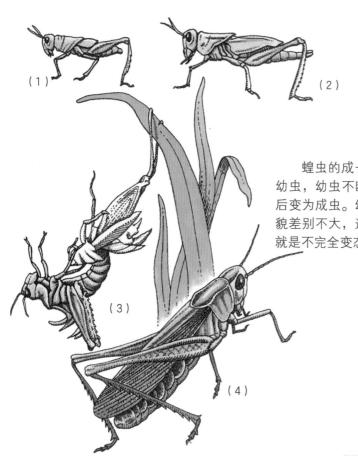

（1）

（2）

（3）

（4）

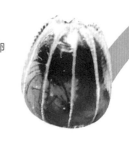

卵

成虫

蝗虫的成长：卵发育成幼虫，幼虫不断长大，蜕皮后变为成虫。幼虫与成虫外貌差别不大，这种发育方式就是不完全变态发育。

不完全变态发育

蝗虫的幼虫叫若虫，刚孵化出来的若虫只有一丁点儿大，看起来很像成虫，但其实非常弱小，而且没有翅膀。若虫长大后，皮肤因无法适应新的身体而脱落，这个过程叫蜕。每经历一次蜕皮，若虫就会长得越来越像成虫。若虫最后一次蜕皮后，便会长出翅膀和生殖器官，接着准备起飞，寻找伴侣交配和产卵。昆虫的这种发育方式叫不完全变态发育。除了蝗虫，蟑螂和蜻蜓等昆虫的成长过程也是不完全变态发育。

细心的父母

为了保护刚孵化出来的幼虫，并为它们提供充足的食物，许多昆虫父母费尽周折。蝴蝶在可以食用的植物上产卵，卵孵化出幼虫后，直接以这些植物为食。瘿蜂选择合适的寄生植物，将卵产在植物身上，并形成虫瘿保护自己的卵。有些黄蜂麻痹其他昆虫，并将尸体拖回蜂巢里，作为食物给幼虫享用。雌蟑螂携带卵四处觅食，直到卵孵化为幼虫。蜈蚣妈妈会仔细清理卵和幼虫。

观察毛毛虫（3个月）

　　夏天是观察蝴蝶生长过程的最佳季节，我们可以以大白蝴蝶为例进行观察。幸运的话，你会找到一些蝴蝶的卵或毛毛虫，只要坚持观察它们，就可以进行研究和鉴定。首先，把它们和叶子一起放到盒子里，并盖上一块薄布。然后，

　　将盒子放到凉爽且通风的地方，记得每天要给毛毛虫添加新的食物叶子，且新添加的叶子要与之前的叶子一样。时刻观察毛毛虫的成长情况，记录它们在化蛹之前的蜕皮次数。蝴蝶破蛹而出的时候，观察它们如何将血液输送到血管里，然后是如何展开翅膀飞走的。

　　就像所有的蝴蝶一样，红纹丽蛱蝶的成长过程也要经历四个阶段：卵、幼虫、蛹和成虫。幼虫和成虫差别非常大，这种发育方式就是完全变态发育。

幼虫（毛毛虫）

蛹

完全变态发育

　　有些昆虫从幼虫长到成虫会经历巨大的变化，孑孓和毛毛虫都是幼虫，但它们一点也不像成虫父母苍蝇和蝴蝶。这些幼虫不停地进食，成长到一定阶段后会吐丝，并将自己固定在一个安全的地方。吐出的丝不断堆叠，最终形成了蛹。从外部来看，蛹没有什么变化，但幼虫在内部会经历巨变：首先是旧的身体全部液化；然后长出新的身体，新的身体有分节的足部和触角；接着长出翅膀；最后，新生的昆虫破蛹而出，一个完全不同的生物形态出现了。这个戏剧性的变化过程就是完全变态发育。

生命周期

　　红纹丽蛱蝶产下的卵，需要1周的时间孵化出幼虫，幼虫变成蛹需要5周的时间，成虫破蛹而出需要2周，成虫存活的时间大约为9个月，也就是39周左右。下面的饼图代表生命周期，展示了红纹丽蛱蝶每个生命阶段所占的比例。你可以参照这个例子，为鹿角虫的生命周期绘制一张同样的饼图。你需要知道的是，鹿角虫的卵变为幼虫需要2周的时间，幼虫变为蛹需要3年，也就是156周，但成虫破蛹而出需要8个月，也就是35周左右，而成虫的存活时间约为4周。为了制作饼图，你可以先计算鹿角虫从产卵到死亡的总周数，然后计算每个阶段在总体生命周期中所占的比例，即每一阶段的周数乘以100，再除以总周数，接着将得到的每个数字乘以3.6，代表这个阶段所要占据的圆周度数。你可以用量角器在饼图中画出这一角度，用来代表对应阶段在生命周期中所占的比例。

　　姬蜂的幼虫叫蛴螬。有些姬蜂将卵产在毛毛虫体内，卵孵化成蛴螬后，会吃掉毛毛虫的内脏。过一段时间后，成熟的姬蜂就从毛毛虫的体内飞出来。

口器和进食

　　昆虫是杂食性动物，吃各种各样的食物。有些昆虫以植物为食，有些昆虫以其他动物及其尸体为食。有些昆虫吮吸果汁，有些昆虫咀嚼固体食物。有些昆虫以活着的生物为食，有些昆虫以腐肉为食。有些昆虫专门吃木头和花粉，有些昆虫吃羽毛和血液，有些昆虫甚至吃粪便。昆虫之间也有可能相互争夺，以彼此为食。有些昆虫吞噬人体细胞，在人与人之间传播疾病。有些昆虫以我们的粮食为食，可能会造成饥荒。有些昆虫吃建筑材料，给我们的居住安全造成极大威胁。

　　昆虫有不同类型的口器，以适应特定的进食方式。口器的结构一般分为 4 个部分：上颚和下颚、上唇和下唇。上颚是坚硬的锥状结构，用来噬咬食物；下颚则用来协助取食。蝴蝶和飞蛾的幼虫都有坚硬的上颚，可以用来咀嚼叶子。

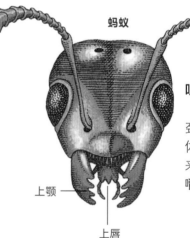

蚂蚁

咀嚼

　　蚂蚁的上颚呈锯齿状，由强劲的肌肉闭合而成，用于咀嚼固体食物。下颚在上颚的后面，用来品尝食物。上唇和下唇用于咀嚼食物，并将食物送入口中。

上颚 ——

上唇

黑脉金斑蝶的
幼虫在吃叶子。

食物链

　　昆虫处在食物链中非常重要的位置，它们吃植物，反过来又被其他更大体形的昆虫或动物吃掉。欧洲处在温带气候环境中，春天到来时，天气变暖，树上的花朵相继开放，成千上万的卵孵化成幼虫，开始进食和生长。这些幼虫可能成为画眉和知更鸟等鸟类的食物。一段时间后，幼虫成长为成虫，这时燕子刚好从越冬地南非返回，它们以成虫为食，并将成虫叼到鸟巢中喂给雏燕吃。

蝗虫灾害

迁徙的蝗虫因独特的饮食习惯而成为令人烦恼的害虫之一。这些昆虫通常单独行动，身体颜色单调。每当干旱的非洲大草原迎来雨季时，草木迅速生长，蝗虫快速繁殖，数量有时达到数千万只。这样庞大的群体可以在几分钟之内吃光农田里的所有作物，让农民颗粒无收。

蝴蝶

口器

蚊子

吮吸

蝴蝶和飞蛾的口器演变为细长的稻草状管子，又叫虹吸式口器，能从花朵中吸取液体花蜜。不进食的时候，蝴蝶将口器卷起来。苍蝇通过长嘴将消化液喷到食物上面，消化液可以溶解食物，使其变成糊状，苍蝇就可以吸取了。

刺吸

盾虫和蚊子等昆虫会刺破植物或动物的硬皮，吸出里面的果汁和汁液。这些昆虫的上颚进化为针状的口器，刺伤猎物后在伤口处灌入消化液，最后再用上唇吸出猎物的汁液。

苍蝇

上颚

蛀木虫

蛀木虫喜欢在腐木的裂缝里产卵，无论是枯树还是珍贵的古董家具，对于幼虫来说都是最好的食物来源。幼虫在木头里打洞，并在里面化成蛹，成年的昆虫从洞口飞出来，落到新的地方产卵。这一过程会对家具造成严重破坏。有些工厂在制作家具时可能会造假，他们在木材上蛀一些孔，使木材看起来就像是被蛀木虫蛀过一样，显得更有价值。

作为食物的昆虫

我们几乎不吃昆虫，但是昆虫富含蛋白质，在许多地方被当作美食。澳大利亚原住民喜欢吃布冈夜蛾的成虫和巨木蛾肥胖的幼虫。非洲人吃蚊子馅饼，有些人还喜欢吃炒蝗虫。

特殊的身体条件

昆虫适应了天空、陆地和淡水等环境，它们有足，有翅膀，在任何环境中都能自如行动。大多数昆虫有 2 对翅膀，可以飞行、滑翔和悬停。昆虫身体纤弱，翅膀上有翅脉，所以较为稳固。为了适应环境，甲虫的前翅演化成坚硬的鞘翅，苍蝇的后翅演化成平衡棒。苍蝇有 3 对足，肌肉强健，可以行走、奔跑、跳跃和游动。有些苍蝇的足部有茸毛和吸附力极强的爪垫盘，可以使身体倒挂在天花板上。

垂直肌肉收缩，
翅膀掀起来。

水平肌肉收缩，
翅膀放下来。

前翅

后翅

蝗虫

拍动翅膀

　　昆虫的胸部骨架较为坚硬，连接身体内部的水平肌肉和垂直肌肉。胸骨像一个"点击按钮"，在运动中使两组肌肉交替收缩，从而带动翅膀产生动作。垂直肌肉收缩时，会下拉胸部的背板，使翅膀挥起来；水平肌肉收缩时，会抬起胸部的背板，使翅膀向下挥动，昆虫的胸部就在这时恢复成原有的穹顶形状。

毛毛虫的行走姿态

　　毛毛虫身体前端有 3 对真足，后端有 5 对假足，假足底部长有吸盘。毛毛虫每移动一对足，就会将身体的重量分布在其他足部，这样便可以越过路上的障碍物。发明家利用这个原理制造出了推土机、拖拉机和坦克等重型车辆，这些车辆的车身重量均匀分配，所以可以在崎岖不平或者泥泞的路面上平稳行驶。

飞行音乐

　　《野蜂飞舞》是俄罗斯作曲家里姆斯基·科萨柯夫的名曲。这首曲子取材自童话故事和民间传说，曲子里再现了无数蜜蜂上下飞舞、寻找花朵的忙碌场景，模仿蜜蜂疾速振动翅膀而嗡嗡作响，音乐节奏明快，旋律高昂而热烈。

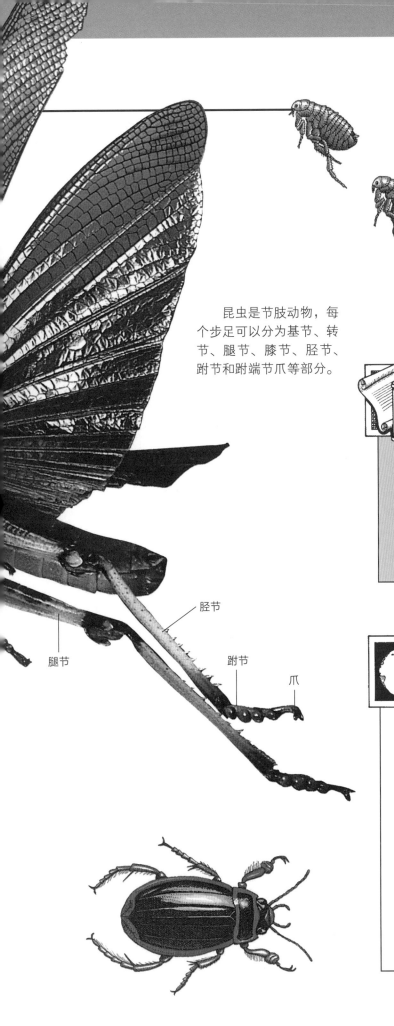

跳蚤跳跃时，使用了"点击按钮"的原理。它们放松肌肉，使胸部向外突起，然后借助这股力量迅速起跳。跳蚤的跳跃高度可以达到 30 厘米，大约是自身高度的 130 倍！

昆虫是节肢动物，每个步足可以分为基节、转节、腿节、膝节、胫节、跗节和跗端节爪等部分。

游泳的昆虫

许多昆虫生活在水中，所以也会游泳。大龙虱的幼虫和成虫都生活在水中，成年龙虱是凶猛的掠食者，它们在水中摆动又宽又扁的后足，游起来非常熟练。龙虱有翅膀，因此也擅长在空中飞行。

胫节

腿节

跗节

爪

迁徙

许多昆虫要长途飞行，从寒冷的地方迁徙到温暖的地方越冬。蝴蝶也是昆虫，从 9 月份开始，帝王斑蝶从加拿大向南方飞行，横跨北美洲后抵达墨西哥。整个迁徙路程长达 1900 千米，平均每天要飞 130 千米。到达目的地之后，帝王斑蝶成群结队挂在松树上开始冬眠。春天到来时，它们又飞回加拿大，并在马利筋等植物上产卵。

灵敏的器官

为了了解生存环境，昆虫通过视觉、嗅觉、味觉和触觉来感知周围的世界，它们对紫外线、磁力、重力、温度和湿度都非常敏感。多数昆虫的感觉器官非常灵敏，每种昆虫都有一种引以为豪的感官，这对生存至关重要。昆虫将感官收集到的信息通过神经纤维传送到大脑，然后进行处理。昆虫的大脑结构简单，没有思考能力，只能发出单一指令，比如进食、交配、产卵、攻击或者逃跑。

敏感的茸毛

苍蝇的头部、身体和足部与大多数昆虫一样，都覆盖着短小的细密茸毛。这些茸毛可以感知周围气流的变化，让苍蝇知道猎物或天敌是否在靠近。

复眼

由单眼组成的眼部结构就是复眼。昆虫的眼睛大多为复眼，苍蝇的复眼约由 4000 个单眼组成，蜜蜂的复眼约由 5000 个单眼组成，蜻蜓约有 3 万个单眼，蚂蚁只有 9 个单眼。

触角

苍蝇的味觉器官竟然长在足部。

平衡棒

苍蝇身上的平衡棒呈梅花状，是由后翅退化而成的。平衡棒可以通过振动保持身体平衡，并测量飞行时的速度和方向。

大多数昆虫的视力比较简单，只能感受明暗的变化。有些昆虫有复眼，复眼一般由数百或数千个单眼组成，每个单眼都是一个侧面，能分别看到不同的景象。复眼让昆虫哪怕是在光线不足的条件下，也能看见周围环境的颜色和细节。触角也是昆虫的主要感觉器官，通常被茸毛覆盖，附着在神经纤维上。周围的空气振动时，茸毛能感应到，大脑随后接收神经纤维发送的信息。细小的茸毛对化学气味也十分敏感。触角还可以监测空气中的水分。大部分昆虫的味觉传感器长在口器上，而有些昆虫的长在足部。有些昆虫的足部长有鼓膜器，可以听见周围的声音。

通过动物的眼睛观察

由于眼部结构特殊，昆虫看到的世界与鸟和猫等动物看到的是不一样的。鸟类能识别所有颜色，也能看清视野中心的细节，鹰等鸟类甚至能从远处看到自己的猎物。猫的视觉聚焦在视网膜中央的水平带状区，看到的颜色比较单调。昆虫复眼中的每个单眼只能看到前方一小块景象，大脑将各个景象结合在一起，形成较为详细的三维图像，这就是昆虫眼中看到的世界。

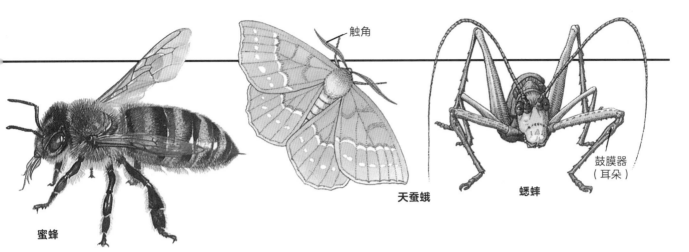

触角

天蚕蛾

蟋蟀

鼓膜器
（耳朵）

蜜蜂

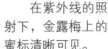

在紫外线的照射下，金露梅上的蜜标清晰可见。

特殊的感官

有些昆虫已经进化出了特殊的感官，以便适应环境，延续生存和繁衍。蜜蜂可以看到紫外线，因此容易找到蜜标，并跟随蜜标的指引吸取花蜜。雌性天蚕蛾会释放少量信息素，吸引雄性靠近自己，这种信息素是一种特殊的气味，能被雄性天蚕蛾的羽状触角感知到。雄性蟋蟀通过唱歌吸引雌性伴侣，还通过摩擦翅膀根部的梳子状音锉来警告其他雄性。蟋蟀的前足长有敏感的鼓膜器，可以感知周围的声音。

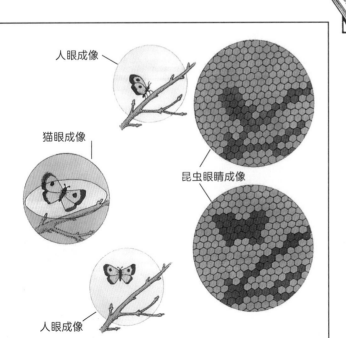

人眼成像

猫眼成像

昆虫眼睛成像

人眼成像

文学作品中的蟋蟀

在维多利亚时代，人们能在家中看到蟋蟀的身影，听到它们的声音。那时人们以为，如果家中的蟋蟀停止歌唱，就代表可能有灾难降临。查尔斯·狄更斯的短篇小说《炉边蟋蟀》讲述了一只快乐的蟋蟀和炉边的水壶一起唱歌的故事。美国作家苏珊·库里奇创作的文学作品《凯蒂做了什么》的灵感就来源于两只蟋蟀的"争吵"，其中一只蟋蟀聒噪的声音像极了"凯蒂做了"，另一只蟋蟀的声音像极了"凯蒂没做"，那么凯蒂到底做了什么呢？于是女作家写下了一篇名为《凯蒂做了什么》的故事。意大利作家卡洛·科洛迪创作的小说《木偶奇遇记》讲述了名叫匹诺曹的木偶的故事，他每次说谎后鼻子就会变得更大更长。迪士尼将这篇小说改编成同名电影，电影中就有一只叫杰明尼的蟋蟀。

昆虫也是用毒高手

有些动物会在两种情况下使用毒素：自卫和捕食猎物，昆虫也不例外。有些昆虫的尾巴上长有毒刺，有些昆虫将毒素分布在下颚中，还有些昆虫全身都有毒。使用毒素捕食猎物的昆虫往往是伪装大师，它们的身上都有明亮的警戒色，比如红色、黄色或者黑色的条纹和图案。有些昆虫本身没有毒，但它们会模仿有毒的昆虫，从而让捕食者远离自己。

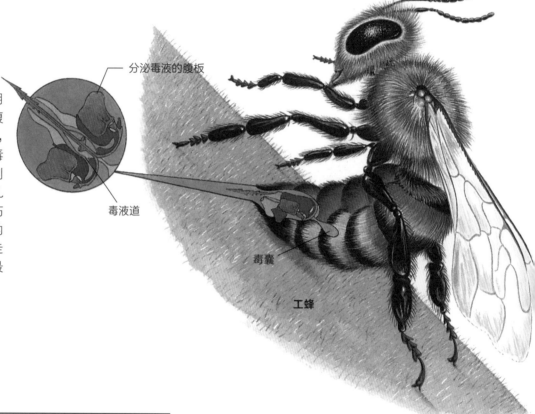

分泌毒液的腹板

毒液道

毒囊

工蜂

蜜蜂的螯针

蜂群中的工蜂会用生命捍卫蜂巢。工蜂腹部下方长有一根螯针，通过毒液道与体内的毒囊相连。蜜蜂在遇到攻击时，会先将螯针扎入敌人体内，然后从伤口处注入毒素。螯针的顶端有倒钩，蜜蜂飞走时，倒钩扯掉腹部，最终导致蜜蜂死亡。

治疗蜜蜂叮咬

蜜蜂和黄蜂只在感受到威胁时才会蜇人。如果你喊叫或者挥动手臂驱赶蜜蜂，就有可能被蜇到。如果你被蜜蜂蜇到了，千万不要挤压毒囊，使用镊子取出皮肤上的螯针就可以了。如果你不打扰蜜蜂，它们不会把毒刺扎进你的皮肤里。记得要用消毒液彻底清洗伤口，并在伤口处敷上冷毛巾，这样可以减轻疼痛。一般情况下，被蜜蜂或黄蜂蜇到后不会有生命危险，除非有肿胀阻塞了喉咙，或者被蜇到的人对昆虫叮咬过敏。

致命的武器

有些昆虫体内含有毒素，并且味道难闻，这些都是昆虫自身防御的手段。掠食者辨认出这些特征后，便不会攻击它们。有些昆虫能喷出令人刺痛的液体，有些昆虫会把过敏性体毛粘到攻击者的身上。南非叶甲幼虫的毒性很高，生活在卡拉哈里沙漠的布希曼人（右图）会在箭头上涂抹叶甲幼虫的毒液。

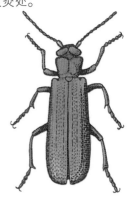

民间医学中的昆虫

斑蝥（芫菁）体内含有一种叫作斑蝥素的刺激性液体，可以用来防御掠食者。在发明有效药物之前，医生一般将这种物质涂抹在患者的皮肤上，以治疗疣疾。治疗过程中，患者身体上可能长出一些水疱，一般被认为是在释放体内积聚的毒素。以前，人们认为蜜蜂的叮咬可以治疗风湿病，所以临床上也可能用蜜蜂来叮咬风湿病患者的关节发炎处。

狗舌草是欧洲常见的有毒植物，朱砂蛾的幼虫吃了这种植物后，会将毒素吸收和储存到体内，鸟吃了幼虫后就会中毒。幼虫身上有黄黑相间的条纹，是一种明显的警戒色。鸟见识过这种虫子的厉害后，就不会轻易捕食它们了。

谚语中的昆虫

传统的俗语或谚语中常常用昆虫来描述人的某些行为。一群人努力工作，共同完成某项任务，会被形容为"忙碌的蜜蜂"。如果有人特别忧心某件事，并表现得心神不宁，这时她的脑袋晕乎乎的，就像有很多蜜蜂在她周围发出嗡嗡声一样。小孩子坐不住，静不下心来学习，我们就可能说他像"热锅上的蚂蚁"。你知道什么是"花花蝴蝶"吗？这个词语通常用来形容对待感情非常花心、容易见异思迁的人。

甲虫化学家

放屁虫（臭大姐）会利用化学反应产生气体，以此作为强大的武器对付攻击者。当它释放出气体时，场面通常颇为壮观。放屁虫的腹部有两个特殊腺体，里面存放了两种不同的化学物质，这些化学物质本身是无毒无害的。遇到紧急情况时，放屁虫会将两种化学物质混合到反应室中，并加入一种起催化作用的酶，于是就形成了全新的有毒气体。甲虫扭动身体，通过腹部末端的热毒导管将毒气喷向敌人，让敌人感到疼痛并长出水疱。

蜜蜂在你脑袋里嗡嗡叫。

这只昆虫好臭啊

臭虫是一种特殊昆虫的统称，能刺穿动物或植物的身体，并用口器吸取猎物体内的汁液。臭虫的口器像鸟喙或长嘴，翅膀分为两部分，前翅比较坚硬，为半鞘翅，后翅纤细透明，为膜质，因此臭虫属于半翅目昆虫。我们常见的蝉、沫蝉、蚜虫和蚧虫都是这个家族的成员。臭虫一般是不完全变态发育的昆虫，幼虫外表与成虫非常相似。大多数臭虫都是害虫，蚜虫会危害植物，南美洲的猎蝽可能携带病毒和病菌。

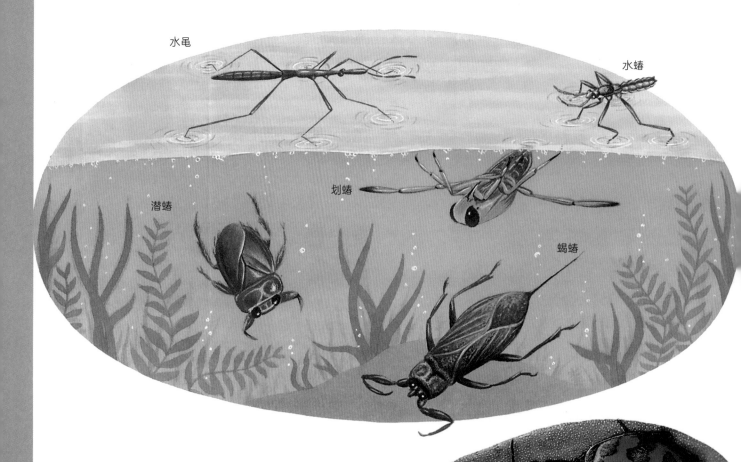

水黾

水蝽

划蝽

潜蝽

蝎蝽

你在地球的每个角落都能发现臭虫的踪迹，甚至海边也有它们的身影。不同臭虫适应了特定的生存环境，如上图所示，池塘的水上和水中都分布有各种臭虫。床虫白天隐藏在床上的缝隙里，晚上爬到人身体上吸食血液。盾蝽以植物的汁液为食，生活在欧洲的盾蝽身上通常有伪装色，以适应周围的环境；分布在热带的盾蝽全身艳丽，且有一些花哨的图案，还可以发出恶臭防御攻击者。年幼的沫蝉吐出泡沫覆盖身体，从而进行自我保护，这种泡沫又被称为"杜鹃的唾液"。角蝉会伪装成荆棘进行自我保护。

许多臭虫生活在淡水中，有的生活在水下，有的生活在水面。水黾和水蝽的足部防水，可以立在水面。它们用足部和触角感知水面的动静，一旦昆虫落入水中，便用尖利的口器刺中昆虫，吸食它们的汁液。水生臭虫以蝌蚪、甲虫幼虫和水中的其他小动物为食。昆虫在水下生活时，要想办法呼吸。划蝽会在身体周围形成一层气泡，从中获取氧气。

孤雌生殖

春天时，蚜虫的卵孵化为无翼的雌虫。这些雌虫既不需要交配，也不需要产卵，就能直接产下蚜虫。这种不经过受精就能生育的繁殖方式被称为孤雌生殖，也被称为单性生殖。这种生殖方式在昆虫中非常常见。有翅膀的雄虫和雌虫晚点才会出生，它们第二年举行婚飞后才产卵。

大龙虱将空气储存在翅膀下面，然后通过身体上的气孔将氧气吸入体内。蝎蝽（上图）的尾部末端有一个长长的虹吸管，就像潜水时的通气管一样，可以伸到水面呼吸空气。

蝉的歌声

在热带地区及亚热带地区的夏季，人们经常能听到蝉鸣声。发出鸣叫声的是雄蝉，它们的腹部有发音器，能连续不断地发出尖锐的声音。发音器其实是两片皮膜，皮膜就像鼓膜，当蝉的腹部肌肉伸缩运动时，皮膜受到振动就会发出声音。气室就像共鸣室，能放大肌肉发出的声音，并增强鼓膜发出的声音。雌蝉听到雄蝉的鸣叫，受到吸引后便与之交配。交配结束后，雌蝉开始在树枝上产卵。

左图这些五颜六色的虫子来自澳大利亚，其中3只红色的是雄虫，1只橘色的是雌虫，2只体形较小的是幼虫。

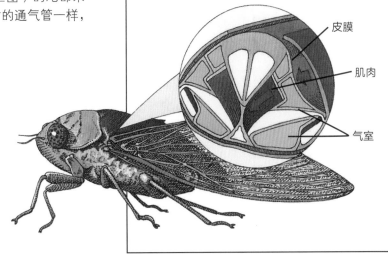

皮膜

肌肉

气室

好一个威武的家伙

甲虫是鞘翅目昆虫的统称，是数量最多的昆虫。目前已知的甲虫多达 37 万种，而且科学家每天还会发现新的种类。甲虫体表覆盖硬壳，头胸部覆盖坚硬的角质层，外观奇特，有点吓人。甲虫擅长飞行，它的前翅硬化成鞘翅，后翅为膜质，位于鞘翅的下方。甲虫是完全变态发育的昆虫。

有些甲虫是草食性动物，有些甲虫是肉食性动物。有的甲虫捕杀活物，有的甲虫以腐尸为食，还有的甲虫以动物粪便为食。有些甲虫以谷物和蔬菜等植物为食，对农作物有害。美国科罗拉多州的甲虫蚕食马铃薯等农作物，榆树皮甲虫则在树木之间传播疾病。

象鼻虫

埋葬虫

大多数甲虫用上下颚咬住猎物。象鼻虫的上下颚位于长长的鼻子末端。

灯展

萤火虫不是蠕虫，而是一种小型甲虫，尾部会发光。在黑暗的夜晚，雌性萤火虫发出荧光，就像用灯笼发出莫尔斯电码，邀请雄虫靠近自己。萤火虫之所以会发光，是因为体内的荧光素在酶的催化作用下发生化学反应，荧光就是在这个过程中释放出的能量。有时，千万只萤火虫同时在树上发出荧光，就像树上挂了一盏又一盏小灯。

圣甲虫

圣甲虫就是我们常说的屎壳郎，它们把野外的粪便滚成球形，推到自己的洞穴里。雌性圣甲虫在粪球里产卵，孵化出的幼虫就以粪便为食。对古埃及人来说，推动粪球的圣甲虫就像掌控太阳升落的太阳神一样，所以他们把圣甲虫视为神的化身。古埃及工匠用黄金、青金石和半宝石等材料铸造圣甲虫雕像等工艺品。

隐翅虫

金龟子

昆虫和汽车

有些工程师以昆虫的形态和技能为灵感来源，设计和制造出实用的产品。20世纪40年代末，大众汽车公司推出一款形似甲虫的小型家用汽车，被称为甲壳虫汽车。甲壳虫汽车外观独特可爱，深受消费者喜爱，出口到150多个国家，全球累计产量达到2000万辆。

甲虫的上下颚和触角看起来很吓人，但大多数只是起到威吓和警示的作用，有时也用于雄性之间的竞争。左图的鹿角甲虫模样凶狠，因雄性的上下颚像鹿角而得名。鹿角甲虫搏斗时喜欢角力，都想把对方掀翻。甲虫的前翅通常是五颜六色的，又厚又硬，被称为鞘翅，飞行时张开且撑起。甲虫休息时，会将前翅收起来，覆盖在后翅上面，保护膜质的后翅。

死亡使者

报死虫是一种蛀虫，幼虫生活在枯木或者被切割的板材中，比如屋顶的横梁上。繁殖季节到来时，雄虫和雌虫彼此呼唤对方，用上下颚敲击木头，发出咔哒的声音。很久以前，人们还没有防治害虫的意识，那时疾病肆虐，人们以为这种咔哒声就是死亡的预告，因此将这种虫子命名为报死虫。

鞘翅

恼人的苍蝇和蚊子

苍蝇是一种不受欢迎的昆虫。苍蝇不漂亮，而且生活习性令人讨厌。有些苍蝇携带可怕的病毒，会传播致命的疾病。但是，苍蝇也是自然界中的分解者，它们回收动物的粪便和尸体；有些苍蝇还是授粉者，为花朵传播花粉。苍蝇是双翅目昆虫，有一对小而强壮的前翅，它的后翅演化成平衡器官，被称为平衡棒。苍蝇的适应能力很强，在世界上许多地方都有分布，甚至可能出现在寒冷的北极。

食蚜蝇

蚊蝇和疾病

吸血的蚊子是传播烈性疾病的罪魁祸首。蚊子在吸食人体血液的过程中，会带出患者体内的致病细菌，并在吸食下一个人的血液时，将病菌传染到这个人身上。蚊子是病菌的宿主，病菌对蚊子无害，却对人体会造成严重危害。采采蝇传播昏睡病，患上这种病的人会感到困倦，从而陷入沉睡中，最终死亡。南美洲的大锥蝽传播查加斯病和南美锥虫病。蚊子传播疟疾，是每年造成死亡人数最多的动物。白蛉也是一种吸血昆虫，而且是黑热病和利什曼病的主要传播者。

食蚜蝇可以在空中做出许多富有技巧性的动作，比如旋转、倒退和悬停。像苍蝇一样，大蚊（右图）也有平衡棒、强壮的翅膀和大大的胸部。

大蚊

苍蝇是一种杂食性动物，几乎什么都吃，花蜜、垃圾、血和肉都可能成为它们的食物。苍蝇不仅吃活物，有时还吃腐尸，可以说是自然界中的清道夫。苍蝇的鼻子很长，可以用来吮吸液体食物，也可以用来刺穿猎物。蛆是苍蝇的幼虫，生活在污水和烂泥等潮湿的环境中。苍蝇是完全变态发育的昆虫，其成虫和幼虫完全不一样。苍蝇擅长飞行，它用眼睛视物，用大脑控制，平衡棒能调整速度、方向和动作。苍蝇的翅膀上有特殊的关节，可以扭转翅膜，提供更大的升力。苍蝇的胸部肌肉发达，通过有节奏的收缩，为飞行提供动力。

在天花板上行走

家蝇和绿头蝇的足部末端长有特殊的吸垫和爪钩，可以在窗户上爬行，也可以在天花板上倒立行走。它们身上覆盖有茸毛，可以感知周围气流的变化。这就是为什么当你拿起苍蝇拍想要拍中苍蝇时，它们能提前感知到并及时逃走。

吸垫

爪钩

左图是苍蝇的化石。这只苍蝇的足部很长，它被困在松树的树脂里。历经数百万年后，树脂已经演变成了琥珀。

卫生

如果家蝇在你周围飞来飞去，记得一定要保护好食物，不要让它们碰到。家蝇以垃圾和粪便为食，足部和口器都被污染了，如果落到食物上，很可能会传播病菌。

变形

数千年来，生物的形态变化是吸引文学家和艺术家进行创作的重要主题之一。距今 2000 年前，古罗马诗人奥维德就曾创作了长诗《变形记》。这首长诗取材自古希腊故事，涉及达芙妮和纳西索斯等人物。诗中的达芙妮为了躲避太阳神阿波罗的追求，变成了月桂树；纳西索斯是一名俊俏的男子，因过度迷恋自己的美貌而变成了水仙花。受同一主题的影响，西班牙著名画家萨尔瓦多·达利创作了许多超现实主义绘画作品。

人类变成昆虫的想法令人感到害怕，却又让人止不住神往。捷克作家卡夫卡的《变形记》，讲述了一个奇怪的故事：一个人一觉醒来，变成了一只大昆虫。《变蝇人》是一部恐怖电影，讲述了科学家在实验事故中与苍蝇融合，并发生巨大变化的故事。

吃苍蝇的植物

捕蝇草生长在北美洲的沼泽地带，那里土壤贫瘠，食物稀缺。苍蝇飞过时，捕蝇草会将其捕获并吃掉，从而为自己提供营养。捕蝇草的叶子有黏性，叶边呈齿状，且有敏感的刺毛。昆虫落到捕蝇草上会惊扰刺毛，这时捕蝇草迅速收拢叶片，便可以困住昆虫，并将其当作食物。

捕蝇草的叶子会分泌含有蛋白酶的消化液，可以溶解昆虫的身体，使其变成可吸收的汁液。

昆虫中的"高颜值"

蝴蝶和飞蛾是鳞翅目昆虫，翅膀上覆盖的鳞片，就像屋顶上的瓦片一样层叠排列。有些鳞片颜色绚丽，有些鳞片像水晶一样折射阳光，呈现出五彩斑斓的光泽。蝴蝶白天在外活动，晚上休息时收起翅膀。飞蛾多在夜间出行，身体的颜色比较黯淡，白天休息时平铺着翅膀。蝴蝶和飞蛾都是完全变态发育的昆虫，而且都有触角，蝴蝶的触角呈棒状，飞蛾的触角呈羽状。

蝴蝶的拟态

蝴蝶翅膀上的鲜艳色彩有时是警戒色，警告捕食者远离自己。某些有毒的昆虫以同样的方式，宣告自己的危险性。以昆虫为食的鸟类能识别这些特点，并尽量避开它们。生活在同一地区的蝴蝶和飞蛾，身上通常带有相似的花纹和图案，这样就增强了警告的意味。不同的物种之间，在形态和行为上彼此相似，并对外界及敌人形成警告，这种行为被称为缪勒拟态。蝴蝶是拟态高手，能伪装成别的有毒的动物，让捕食者远离自己。无毒的副王蛱蝶拟态成有毒的黑脉金斑蝶，这种行为就是贝茨拟态。

猫头鹰蝶

蛱蝶

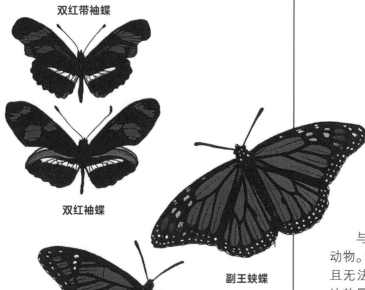

双红带袖蝶

双红袖蝶

副王蛱蝶

黑脉金斑蝶

与所有昆虫一样，蝴蝶和飞蛾也是冷血动物。它们的体温总是接近周围环境的温度，且无法自主调节。蝴蝶在阳光下张开翅膀，让热量均匀分布在身体的每个部位。如果环境温度过高，蝴蝶就会躲到阴凉的地方。飞蛾体表布满茸毛，可以在白天吸收热量并保存起来，方便夜间出行。

幼虫的伪装

　　蝴蝶和飞蛾的幼虫通常把自己伪装成不能食用的东西，从而避免被捕食者吃掉。尺蠖蛾的幼虫像嫩枝一样，一动不动地趴在树枝上，谁也认不出来。欧洲灰蝶和中美洲天蛾（右图）的幼虫通常伪装成鸟粪。

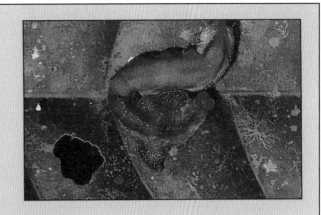

长喙天蛾

坤环蝶

大闪蝶

昆虫学家

　　法布尔是法国的博物学家和昆虫学家，他不像之前的科学家那样研究昆虫标本，而是通过田野调查来研究昆虫的习性。法布尔撰写了许多关于昆虫的资料，描述了昆虫及其生活的诸多细节。他还擅长绘画，为自己研究的昆虫绘制了许多水彩画。

蝴蝶夫人

　　《蝴蝶夫人》是由意大利剧作家普契尼于1904年创作的歌剧，讲述了美国海军军官平克尔顿与日本姑娘蝴蝶之间的爱情悲剧。蝴蝶和平克尔顿原本是夫妻，但平克尔顿离开了她，几年之后还带回了新婚的妻子。故事中，蝴蝶夫人遭到心爱之人的背叛，普契尼用优美的旋律，将故事的戏剧性、激情和悲痛氛围表现得淋漓尽致。

适应工业的发展

　　有些昆虫经过数代的繁衍和进化，能掌握合理的伪装，以适应变化的环境。桦尺蛾就是伪装进化的典型案例。很久以前，这种飞蛾的翅膀是浅灰色的，而且上面还分布有黑色斑点，因此又被称为斑点蛾。19世纪，由于工业的迅速发展，它们栖息的桦树树干变黑了，为了提高存活率，桦尺蛾的身体也相应变黑了。

会"跳舞"的蜜蜂

蜜蜂和黄蜂都是膜翅目昆虫，它们的翅膀是透明的。膜翅目昆虫有 2 对翅膀，腰部很细。有些膜翅目昆虫体表有黄色或黑色的斑点，这些斑点非常明显，被称为警戒色，作用是警告捕食者。有些膜翅目昆虫还有毒刺或毒针，可以向敌人体内注射毒素。膜翅目昆虫都是完全变态发育的昆虫，而且大多是独居物种。但蜜蜂和黄蜂一般都是群居性昆虫，卵和幼虫由群体中的固定成员来照顾。

所有蜜蜂和部分黄蜂会为幼虫筑巢。泥蜂在土中筑巢，石蜂在水泥中挖隧道。切叶蜂剪下圆形的叶片，卷成筒状搭建自己的巢室。蜜蜂生活在蜂巢里，蜂巢有时修筑在枝叶间，有时位于人造蜂箱中。蜂后和雄蜂通过婚飞繁殖后代，之后大部分卵孵化成不能生育的雌蜂，也就是工蜂。工蜂承担蜂巢中的大部分工作，要建造和维修蜂巢，要出去采集花蜜，把花蜜酿成蜂蜜，确保蜂群有足够的食物过冬。有的工蜂还要负责喂养卵和幼虫。

建筑工人

蜜蜂腹部有蜡腺，可以分泌蜂蜡。工蜂用蜂蜡浇筑完美的六边形蜂室。

下图中的纸蜂嚼碎木质纤维，并用它们筑造精致的巢穴。

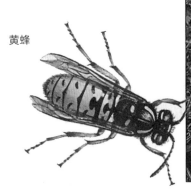

黄蜂

蜜蜂的舞蹈

在蜂群中，有一种承担重要工作的蜜蜂叫侦查蜂，它们的主要任务是侦查蜜源。侦查蜂飞回蜂巢时，身上往往载有花粉和花蜜；其他工蜂聚集过来，准备获取信息，前往蜜源所在的新地点。为了向工蜂传达蜜源的具体地点，侦查蜂在蜂巢的垂直表面表演循环的圆舞。这种舞蹈又被称为 8 字舞，侦查蜂先在蜂巢的一边做半圆形运动，又返回蜂巢的另一边做半圆形运动，运动的路线就像数字 8 一样。侦查蜂摇摆的方向和动作，揭示了蜜源、太阳和蜂巢三者之间的关系，工蜂从中获取信息后，就可以飞出蜂巢寻找食物了。

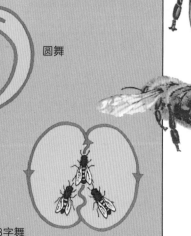

圆舞

侦查蜂会在表演圆舞的中途停下来，将花粉和花蜜的样本交给其他工蜂。

8 字舞

蜂后一直待在巢室里，整天忙着产卵。周围的工蜂负责给它喂食，并清洗它的身体。

一勺蜂蜜

　　蔗糖直到公元前700年才传入欧洲。在此之前，欧洲人通常用蜂蜜做食物的增甜剂。古埃及人很早就开始饲养蜜蜂，它们的历史壁画中出现了养蜂人从人造蜂箱中提取蜂蜜和蜂蜡的场景。

授粉

　　花朵要结出种子，必须完成由雄花到雌花的授粉过程。授粉可能由风来完成，也可能由蜜蜂等昆虫来完成。花朵颜色鲜艳，气味芬芳，能吸引昆虫前来采蜜。昆虫停留在花朵上面，毛茸茸的身体可能沾上花粉。它们飞到另一朵花上，花粉洒落下来，并进入雌花的子房中，就完成了授粉过程。对大自然来说，蜜蜂酿蜜的本领非常重要，但传播花粉的能力更为重要。

蜂腰时装

　　19世纪，巴黎高级时装业创始人查尔斯·弗雷德里克·沃斯领导了当时的时尚潮流。他设计的服装拥有极致的纤细腰线，被称为蜂腰时装。这种服装配合紧身胸衣，淋漓尽致地展现了女性的曲线美。但这种服装对人的身材要求极高，甚至达到了病态的地步，对人体的健康造成了严重威胁。

花粉篮

　　蜜蜂的后足胫节外侧是凹陷的，其周围有向内弯曲的长硬毛，构成了花粉篮。蜜蜂收集花粉和花蜜后，将它们装入花粉篮中。

蚂蚁——昆虫中的建筑师

蚂蚁是膜翅目昆虫，白蚁是等翅目昆虫。等翅目昆虫体形较小，身体柔软，有两对膜质翅膀，且翅膀的形状、大小和脉序均相同。蚂蚁和白蚁的生活习性非常相似，它们都是社会性昆虫，集群生活，且群体中的成员等级分明，每个成员都要承担相应的职责。工蚁是蚁群中数量最多的成员，它们都是雌性，但没有生育能力，主要负责照顾卵和幼虫。有些工蚁还要建造、维修和保护蚁穴。蚁后负责产卵，蚁群中的所有成员都是它的孩子。

等级森严的社会

在蚁群中，不同的白蚁和蚂蚁要从事不同的工作。有些工蚁要照顾蚁后（左图）、卵、幼虫和蛹；有些工蚁要清理蚁穴（右上图），外出寻找食物。兵蚁负责守护蚁穴，保证蚁群的安全。

蚁后

工蚁

蛹

群居的蚂蚁

大多数蚂蚁视力较差，但嗅觉灵敏。它们通过用触角触碰蚁群的同伴或信息素进行交流。外出觅食的蚂蚁如果发现了食物，就在返回途中留下气味痕迹，也就是信息素，指引其他蚂蚁到达食物的位置。如果蚁穴被破坏，工蚁就分泌另一种气味的信息素，呼唤伙伴一起修复蚁穴。蚂蚁在搏斗时用下颚撕咬对方，并分泌蚁酸喷射到敌人的伤口处，使敌人产生灼痛感。蚂蚁是杂食性动物，狩猎型蚂蚁通常群体捕食，它们能捕获比自己身体大得多的猎物。大部分蚂蚁会把食物搬回蚁穴中，它们的力气很大，能举起和搬动比自己身体重得多的物体。

建造蚂蚁之家

你知道蚂蚁的家是什么样子的吗？你想建造一个蚂蚁之家吗？拿出一个玻璃罐，建造一个蚂蚁之家，方便近距离观察蚂蚁。首先，用深色的纸覆盖住玻璃罐；然后，在里面装上一半土壤，再把从花园里抓来的蚂蚁放进去，并在里面加一些潮湿的土壤和树叶。过几天之后，拆掉玻璃罐上的深色纸，看看土壤里面发生了什么变化，蚂蚁是不是在里面挖出了很多隧道和小室呢？

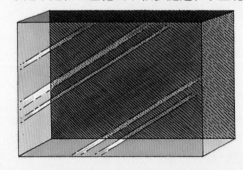

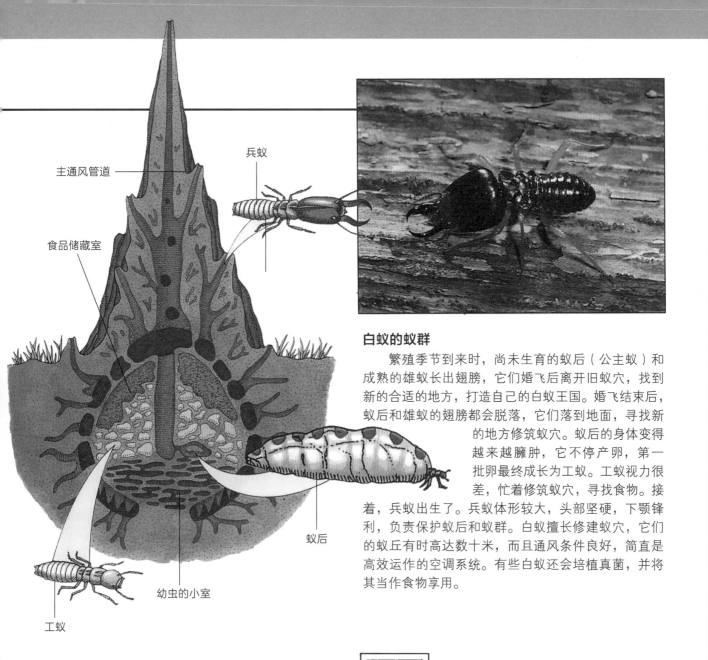

主通风管道

兵蚁

食品储藏室

蚁后

幼虫的小室

工蚁

白蚁的蚁群

　　繁殖季节到来时，尚未生育的蚁后（公主蚁）和成熟的雄蚁长出翅膀，它们婚飞后离开旧蚁穴，找到新的合适的地方，打造自己的白蚁王国。婚飞结束后，蚁后和雄蚁的翅膀都会脱落，它们落到地面，寻找新的地方修筑蚁穴。蚁后的身体变得越来越臃肿，它不停产卵，第一批卵最终成长为工蚁。工蚁视力很差，忙着修筑蚁穴，寻找食物。接着，兵蚁出生了。兵蚁体形较大，头部坚硬，下颚锋利，负责保护蚁后和蚁群。白蚁擅长修建蚁穴，它们的蚁丘有时高达数十米，而且通风条件良好，简直是高效运作的空调系统。有些白蚁还会培植真菌，并将其当作食物享用。

　　给蚂蚁喂食水果和果酱，并为它们提供新鲜的叶子。用厨房纸沾上水，给蚂蚁喂水喝。把玻璃罐放到阴凉且通风的地方，不观察蚂蚁的时候要用深色纸盖住玻璃罐。记得要让蚂蚁透透气，但不要让它们逃脱了。如果你抓住了蚁后，玻璃罐里的蚁群就可以无限繁衍下去。说不定，来年夏天的时候，还可能出现有翅膀的雌蚁和雄蚁，它们完成婚飞后，就能建立新的蚁群啦！

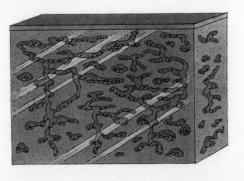

食蚁兽

　　食蚁兽是分布在中美洲和南美洲的哺乳动物，舌头细长且灵活，可以伸进蚁穴里，揪出许多蚂蚁和白蚁，然后美美地吃掉。下图的大食蚁兽生活在热带草原和稀树草原中，昼伏夜出，它先用鼻子嗅出白蚁的气味，然后用锋利的前爪刨开蚁穴，再用细长的舌头粘住白蚁，最后送进嘴里吃掉。其他吃蚂蚁和白蚁的动物还有亚洲的穿山甲、澳大利亚的针鼹和非洲的土豚等。

词 汇 表

变态发育
昆虫从幼虫成长为成虫的发育过程。

成熟
这里指动物发育完全的状态，动物成熟后可以进行繁殖。

蛋白质
一种复杂的有机化合物，是人体所需的重要营养物质。

腐肉
腐烂的肉，是部分肉食动物和杂食动物的食物来源。

腹部
这里指昆虫身体的后部，里面有昆虫的消化器官、排泄器官和生殖器官。

复眼
指昆虫身上由许多小眼组成的感知器官。

孤雌生殖
某些特定动物不需要雄性也能繁殖的现象。

节肢动物
一种无脊椎动物，身体左右对称，分为头、胸、腹三部分或头、胸两部分。数量众多，其中主要以昆虫为主。

警戒色
动物身上具有显著特征的图案或颜色，表明自身的危险性，警告其他动物不要靠近自己。

口器
昆虫的嘴巴。

冷血动物
依靠环境温度调节体温而不能自主调控体温的动物，又称变温动物。

酶
细胞产生的一种物质，作用是促使其他物质发生化学反应。

拟态
指动物为了躲避敌害而在外形上模仿其他动物的行为。

气孔
这里指昆虫外骨骼上的小孔，通向昆虫体内的呼吸管。

肉食性动物
主要以肉类为食的动物。

蠕虫
靠肌肉收缩而作蠕形运动的无脊椎动物，有的生活在海洋中，有的生活在淡水中，有的生活在陆地上。

若虫
指要经历完全变态发育的昆虫的幼年形态。

外骨骼
指甲壳类动物体表的坚硬外壳，可以支撑和保护其身体中的柔软部分。

细菌
一种微小的单细胞生物。

信息素
动物在特定阶段分泌的特殊气味，比如在繁殖期释放的气味。

胸部
这里指昆虫身体的中间部分，连接昆虫的翅膀和足。

蛹
昆虫尚未完全成熟的发育阶段，介于幼虫和成虫之间。

蛀虫
啃食树木、衣物和书籍等的昆虫。

第四章
千奇百怪的爬行动物

爬行动物种类繁多，从潜伏在水下的鳄鱼到动作缓慢的陆龟和海龟，再到奇怪的蜥蜴和令人恐惧的蛇，都是广为人知的爬行动物。爬行动物是古老的物种，已经在地球上生活了 3 亿多年。化石证据表明，爬行动物曾经主宰地球，直到 6500 万年前的物种大灭绝之后，爬行动物的统治时代才走向了终结。

有些古老的爬行动物繁衍到了现在。如今，爬行动物分布在地球的各种环境之中，从山区到森林，从沙漠到海滨，到处都有它们的身影。翻开这个章节，走进爬行动物的世界，看看它们如何进食、迁徙和繁衍，揭开它们丰富多彩的历史，了解它们如何从恐龙祖先进化到现在的形态。

什么是爬行动物

地球上约有 150 万种动物，其中爬行动物约为 6000 种。爬行动物是恒温动物，体内有骨架，皮肤呈鳞片状，通过产卵繁殖后代。爬行动物的种类较少，但却是我们最熟悉的动物。滑行的蛇、敏捷的蜥蜴、缓慢的陆龟、长有鳍足的海龟和恐怖的鳄鱼都是爬行动物，就连远古时期的恐龙也是爬行动物。

爬行动物的蛋（卵）

爬行动物是脊椎动物，它们的体内长有脊椎。像鸟类等脊椎动物一样，爬行动物通过产卵繁殖后代。它们的卵是硬壳的蛋，里面容纳着它们的后代，蛋壳可以保护里面的小动物健康成长，蛋黄为小动物提供生存所需的营养。海龟、蛇和大多数蜥蜴的卵的外壳较坚硬，看起来像皮革，摇起来有晃动感。陆龟、鳄鱼和壁虎产下的卵虽然外壳坚硬，但像鸟蛋一样容易破碎。有些蜥蜴和蛇不产卵，它们的幼崽生活在母体中，等发育成熟后再脱离母体，落地时就像成年的动物一样行走和觅食。

孵化

爬行动物幼崽的嘴上有一块坚硬的角质鳞片，被称为卵齿，用于敲碎蛋壳，方便自己爬出来。

蜥蜴目动物

从爬墙钻沙的壁虎到高大粗壮的巨蜥，蜥蜴目动物是种类最多的爬行动物。据统计，地球上约有3750 种蜥蜴目动物。

鳄目动物

地球上现存约 21 种鳄目动物，包括短吻鳄、凯门鳄和恒河鳄等。鳄目动物大多生活在沼泽、湖泊和河流等环境中，尾巴扁平而有力。

蚓蜥目动物

蚓蜥目动物是爬行动物中数量较少的动物类群，大概只有140 种。蚓蜥目又叫蠕蜥目，但它们既不是蠕虫，也不是蜥蜴，而是一种特别的爬行动物。蚓蜥目动物没有腿，生活在热带和亚热带地区，在森林的土壤中打洞，以蠕虫、昆虫和其他小生物为食。蚓蜥目动物的体形一般不大，其中最大的身长约为 75 厘米。

骨架

爬行动物的骨骼结构与其他脊椎动物相似，骨架由头骨、椎骨和腿骨组成。椎骨构成脊柱，连接臀部并形成尾巴。爬行动物有 4 条腿骨。

颅骨

腿骨

构成脊柱的主椎骨

前脚骨

西方的龙

世界各地都有关于龙的神话、传说和故事。在某些故事中，龙被称为"大虫"。在西方传说中，龙是一种类似爬行动物的生物，它的皮肤呈鳞片状，嘴巴能喷火，背上长有巨大的翅膀，擅长飞行。在这些传说中，巨龙守卫财宝，屠杀人类，是邪恶和狡猾的象征。在托尔金的魔幻长篇小说《霍比特人》中，有一头名叫史矛革的巨龙，它的性格十分凶残。

爬行动物的内部结构

爬行动物都是脊椎动物，与青蛙、鸟类和人等脊椎动物一样，身上都有骨骼。与此同时，它们体内还有功能明确的内脏，包括大脑、心脏、胃、肠、肾等。

蛇目动物

蛇目动物约有 2500 种，既包含体形较小的蠕蛇，也包含体形庞大的蟒蛇。蛇目动物的身体细长、柔软而灵活，它们没有腿。

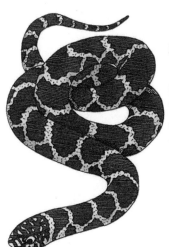

龟鳖目动物

龟鳖目动物约有 220 种，包括海龟、陆龟和水龟。许多龟鳖目动物都有拱形骨板和盾片。

无蛇区

爱尔兰岛上没有蛇。传说是因为蛇是邪恶的化身，所以爱尔兰的守护神圣帕特里克将它们赶出了这片土地。从生物学的角度分析，很可能是因为宽阔的爱尔兰海阻挡了蛇从英国大陆游到爱尔兰岛上。

古老的爬行动物

距今约 3.4 亿年至 3.3 亿年前，地球上出现了第一批爬行动物。爬行动物可能是从两栖动物进化而来的，最早的爬行动物像小蜥蜴。两栖动物在水下产卵，卵的外表附着胶状物。与两栖动物不同，爬行动物的卵有硬壳，不用依赖水，它们可以直接在陆地上产崽和繁衍。随着时间推移，爬行动物的数量越来越多，逐渐占据地球的大部分空间。直到 6500 万年前，一场神秘的巨大灾难发生了，许多爬行动物走向了灭绝。

爬行动物的时代

爬行动物占据陆地、天空和海洋，统治地球超过 1.5 亿年。当时，爬行动物的种类繁多，但现在大部分已经灭绝了。最著名的爬行动物是恐龙，它们生活在陆地上。另一种是翱翔在天空中的翼龙，本页左上方的插图即是翼龙的化石。翼龙的前肢进化成翅膀，外表是一层薄薄的皮肤，里面是细长的指骨。海洋中的爬行动物有鱼龙和沧龙。鱼龙的样子与现在的海豚十分相似。

下图这些恐龙生活在白垩纪。古蜥甲龙和棱齿龙是食草动物。恐爪龙是食肉动物，它们成群结队狩猎。

古蜥甲龙

恐爪龙

化石研究

19 世纪 20 年代，人们开始研究恐龙和其他爬行动物的化石。科学家逐渐认识到，史前时代的地球上曾经广泛分布着大量爬行动物。20 世纪 20 年代，一支化石探险队在亚洲的戈壁沙漠中发现了几百头恐龙的遗骸和已经变成化石的恐龙蛋。

传说中的爬行动物

全世界都有许多关于深水湖中仍然生活着史前动物的传说。许多人声称自己在尼斯湖看到小脑袋、长脖子、宽身子且长有脚蹼的大怪物，甚至有人拿出照片证明自己说的是真的。

84

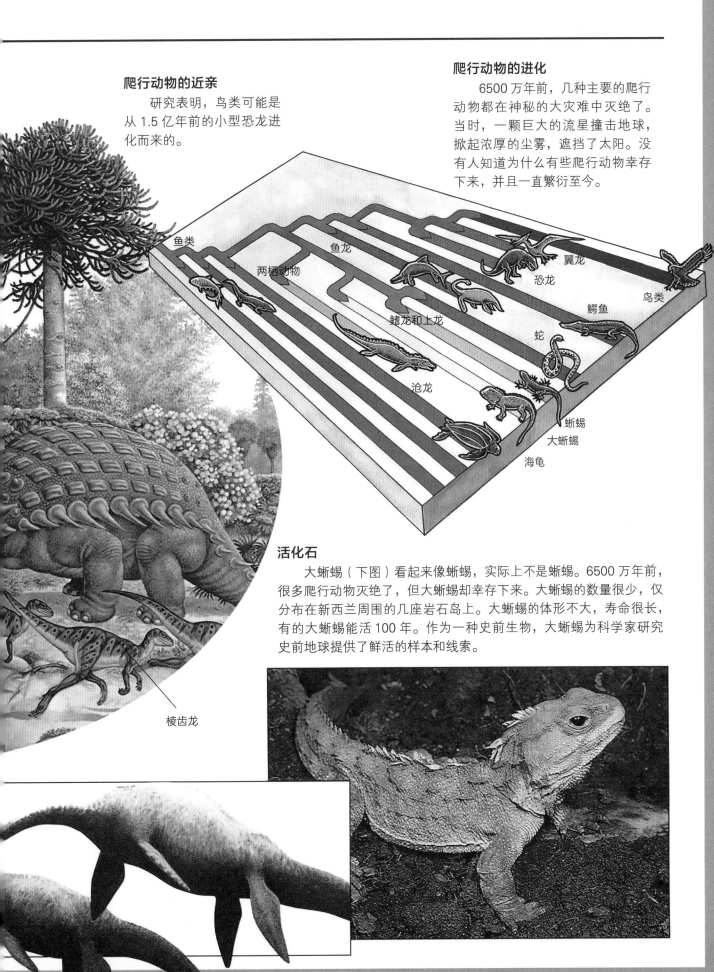

爬行动物的近亲

研究表明，鸟类可能是从 1.5 亿年前的小型恐龙进化而来的。

爬行动物的进化

6500 万年前，几种主要的爬行动物都在神秘的大灾难中灭绝了。当时，一颗巨大的流星撞击地球，掀起浓厚的尘雾，遮挡了太阳。没有人知道为什么有些爬行动物幸存下来，并且一直繁衍至今。

鱼类

鱼龙

两栖动物

翼龙

恐龙

鳄鱼

鸟类

鳍龙和上龙

蛇

沧龙

蜥蜴

大蜥蜴

海龟

棱齿龙

活化石

大蜥蜴（下图）看起来像蜥蜴，实际上不是蜥蜴。6500 万年前，很多爬行动物灭绝了，但大蜥蜴却幸存下来。大蜥蜴的数量很少，仅分布在新西兰周围的几座岩石岛上。大蜥蜴的体形不大，寿命很长，有的大蜥蜴能活 100 年。作为一种史前生物，大蜥蜴为科学家研究史前地球提供了鲜活的样本和线索。

运动方式各不同

乌龟等爬行动物的移动速度缓慢，蜥蜴等爬行动物的速度却很快，能迅速逃脱捕食者和天敌。爬行动物的身体适应了周围的环境，形成了各自的运动方式，有的爬行，有的奔跑，有的游泳，有的钻洞，还有的爬树或飞翔。蛇没有腿，却能在地面、水中和树上快速移动。

身体与运动

大多数爬行动物的身体结构与蜥蜴相似：身体和尾巴细长，四肢分立在身体两侧。蜥蜴抬腿迈步向前，或者拱动身体向前移动。蛇没有腿，它们将身体弯成 S 形，以曲线的方式向前移动，这种移动方式被称为蛇形移动。

壁虎

壁虎可以抓住光滑的物体，因为它们的脚掌和脚趾上都覆盖有细密的刚毛。

飞蜥

飞蜥是生活在东南亚的蜥蜴，虽然不会飞，但可以在空中滑翔。飞蜥的身体两侧各有一片松弛的皮肤，这层皮肤形成翼膜，由体侧延长的肋骨支撑。翼膜与翅膀相似，有了翼膜，蜥蜴从树上跳下来后，可以接着滑动 20 米或更远的距离。只有在非常紧急的情况下，比如为了躲避天敌，飞蜥才会使用自己的滑翔能力。

飞檐走壁

壁虎的抓力很强，能飞檐走壁，甚至倒挂在天花板上。在热带地区，人们很欢迎壁虎光顾自己的家，因为壁虎会帮忙吃掉苍蝇等害虫。

向侧方移动

有些蛇把身体弯成 S 形，然后向侧方移动。这种移动方式是为了适应沙地环境，因为松散的沙砾让它们无法蜿蜒前行。非洲的角蝰蛇和美洲的响尾蛇就是用这种方式向前移动的，它们会在沙地上留下一串串轮胎般的脊状痕迹。

两条腿的比赛

有些蜥蜴能靠后腿站起来，并在短距离内用后腿奔跑，如砂巨蜥和蛇怪蜥蜴（左图）。砂巨蜥分布在澳大利亚，速度非常快，因此又被称为赛马巨蜥。蛇怪蜥蜴分布在南美洲，后腿又长又壮实，脚趾分叉且边缘有鳞片，站起来时可以将体重均匀分布在脚上。蛇怪蜥蜴还可以爬过漂浮在水面上的睡莲叶子，并在水面表演"轻功水上漂"的本领。为了躲避掠食者，蛇怪蜥蜴可能减速沉入水中，并能在水下待 1 分钟或更长的时间。

追赶乌龟

虽然古希腊哲学家芝诺提出的芝诺悖论似乎是无法解答的数学难题，但其中也蕴含某些道理。这一悖论以古希腊哲学家芝诺的名字命名，讲的是古希腊英雄阿基里斯和乌龟之间的赛跑：假设阿基里斯和乌龟同时赛跑，前提是阿基里斯的跑步速度是乌龟的 10 倍，现在允许乌龟先跑 100 米，阿基里斯在后面追。当阿基里斯跑了 100 米时，乌龟向前移动了 10 米，阿基里斯再向前跑 10 米，乌龟又向前移动了 1 米。阿基里斯再向前跑 1 米，最后有可能追上乌龟吗？

蜥蜴的移动

蜥蜴行走时，先将身体拱向一侧，然后抬起另一侧的前腿，使一步的距离变得很大。但蜥蜴的移动速度太快了，我们无法用肉眼看清这些动作。鳄鱼也用同样的方法向前移动，但它们的速度相对较慢，所以更容易观察。

蛇形石柱

在绘画和雕刻等艺术创作过程中，不少艺术家都把动物形象当作灵感来源之一。玛雅人曾经生活在墨西哥境内，并在历史上创造了极其辉煌的文明。右图的蛇形石柱就是他们留下的杰出作品，这种石柱是寺庙和门廊的基座，也是玛雅文明的象征。

玛雅羽蛇神雕刻

独特的皮肤

鳞片状的皮肤是爬行动物的典型特征。大多数爬行动物身上的鳞片又小又多，层层叠叠，就像环环相扣的锁子甲。这些鳞片提供了覆盖全身的保护层，坚硬而灵活。有了鳞片，爬行动物就能弯曲和移动身体。鳞片还能起到很好的防护作用，防止体内的水分蒸发。另外，鳞片还能抵御敌人的牙齿和爪子。大多数爬行动物会定期更换鳞片，有的单片更换，有的部分更换。蛇不一样，它们通常一次性换掉整个蛇皮，这个过程就是蜕皮。

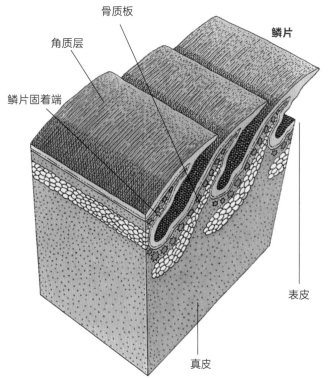

骨质板

角质层

鳞片

鳞片固着端

表皮

真皮

鳞片的结构

爬行动物的鳞片由一种叫作角蛋白的物质构成，与构成人指甲的物质是一样的。鳞片是外层皮肤（表皮）角蛋白的增厚骨板，其中一侧是灵活的固着区域，所以爬行动物移动时，可以轻微倾斜和弯曲身体。鳄鱼和蜥蜴的皮肤深处有另一层骨板，被称为骨质板，作用是加固上面的鳞片层。表皮下面是真皮，真皮中分布有血管和神经。

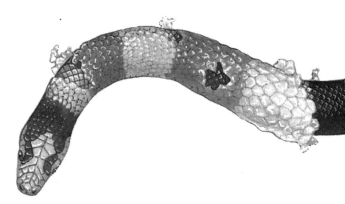

有用的动物外皮

爬行动物的外皮坚韧而结实，人们喜欢用它来制作耐磨的包包、腰带、靴子、大衣和裤子等。爬行动物外皮的颜色和图案非常漂亮。在有些国家，人们将短吻鳄视为有神力的动物，认为穿戴短吻鳄的外皮能获得神力。然而，不受控制的生皮贸易使爬行动物遭遇生存危机，由于过度捕猎，不少爬行动物濒临灭绝。幸运的是，目前关于爬行动物的生皮贸易已经受到法律的严格控制。

千百年来，人们不断仿造爬行动物的鳞片，希望打造出保护全身的盔甲。虽然这些盔甲已经投入实战之中，但其很难像爬行动物的鳞片一样轻便和灵活。如下图所示，欧洲人曾经用金属板打造出整套盔甲。中国和日本等国家曾经使用厚实的皮革制作盔甲。当然，最实用的盔甲可能还是由金属小环制成的锁子甲。

蜕皮

与人的皮肤一样，爬行动物的鳞片也会遭受磨损。爬行动物表皮基部的细胞不断增殖，形成新的鳞片，旧的鳞片就会被替换掉。蛇在蜕皮时，会摩擦周围的石块或树枝，使旧皮脱落，并露出下面新生的皮肤。

吉拉毒蜥是一种蜥蜴，它身上的鳞片较为奇特，呈圆形，看起来像念珠。

犰狳蜥蜴用又尖又大的鳞片进行自我保护，它们将身体卷成球状，从而防御捕食者的攻击。

响尾蛇的声音

响尾蛇是一种毒蛇，摇动尾巴的速度极快，走在路上会发出嘎嘎声或者哗哗声，以警告其他动物远离自己。响尾蛇的声音由尾部的大块鳞片（角质环）发出。响尾蛇蜕皮时，尾部会留下一些鳞片，这些鳞片松散地串在一起，呈翻卷状，中间形成圆形的凹槽，即角质层空腔。据说，年纪越大的响尾蛇，摇动尾巴形成的声音越响亮、越悠长。但实际上，尾巴上的鳞片可能因意外而中断响声，所以响声时间的长短并不能直接判断响尾蛇的年龄。

基底鳞片

末端鳞片

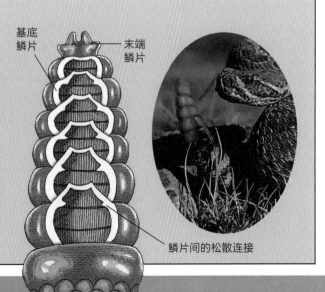

鳞片间的松散连接

颜色和伪装

在自然界，许多生物擅长利用身体的颜色和图案进行自我掩护，它们可以与周围的环境和背景融为一体，这种现象就是动物的伪装。

被掠食者捕杀时，会伪装的动物可以及时躲藏起来，逃离危险；觅食或捕猎的时候，动物可以利用伪装不知不觉地接近猎物。许多爬行动物身体的颜色是暗棕色或绿色的，与周围土壤或植物的颜色非常接近。少数爬行动物身体的颜色非常艳丽，可以作为警戒色，表明自己的危害性，警告其他动物远离自己。这种鲜艳的颜色也可能是一种求偶手段，可以在繁殖季节吸引配偶。

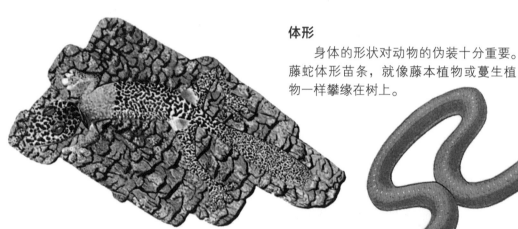

体形

身体的形状对动物的伪装十分重要。藤蛇体形苗条，就像藤本植物或蔓生植物一样攀缘在树上。

图案

平尾壁虎身上有斑驳的图案，可以与树皮融为一体。

在阴影中看不见

《丛林之书》是由英国作家鲁德亚德·吉卜林于 1894 年创作的长篇小说。这部小说的情节动人心魄，讲述了名叫莫格利的狼孩如何被印度丛林中的狼群养大的故事。故事中有一条狡猾的蟒蛇，名叫卡，卡不信任其他动物。主人公莫格利被一群野生猴子抓住后，蟒蛇卡赶过来救他。猴子们吓坏了，它们听过大蟒蛇的故事，知道它"沿着树枝滑行，就像树上的苔藓一样悄无声息，而且能伪装成枯枝或烂木桩，就连最有智慧的人都会上当受骗，直到'伪装的树枝'抓住了他们"。的确，蟒蛇是善于伪装的动物，这些伪装在昼夜交替之时和夜间最为有效，所以它们通常在这些时段外出猎食。

鲜艳的颜色

许多爬行动物身体的颜色十分鲜艳。这种颜色用来表明自己体内有毒或者肉很难吃，警告和恐吓捕食者远离自己，因而被称为警戒色。蓝舌石龙子又名巨柔蜥，在受到威胁时会张开嘴巴，露出明亮的蓝色舌头。伞蜥（页面左上图）浑身都闪耀着警戒色。

蓝舌石龙子

变色

变色龙可以改变身体的颜色，以适应周围的环境。变色龙之所以会变色，是因为它的皮肤中含有黑色素。黑色素是一种细小的色素颗粒，可以通过排列组合改变皮肤的颜色。变色龙的眼睛可以检测到周围环境的颜色变化，并通过大脑将神经信号发送给皮肤，黑色素细胞根据这些信号来移动色素颗粒，通过聚集或分散等组合方式影响皮肤的颜色。

色素颗粒聚集

神经系统

黑色素细胞

色素颗粒分散

光线照到色素颗粒上，使皮肤呈现出不同的颜色。

鳄鱼的伪装

鳄鱼伪装成漂浮的圆木，随着水流慢慢移动，等到达毫无防备的猎物身边时，便伸出强有力的上下颚，迅速将猎物抓获。鳄鱼的鼻孔和眼睛长在头顶上，身体潜在水下，因此露出头顶即可呼吸和张望。有些鳄鱼故意吞下一些石头，以增加体重，方便它们下潜到水中，隐匿自己的行踪。

扰乱性的色变

浅色身体上分布深色斑块，可以帮助动物掩饰身形轮廓，使它们不易被整体识别出来。加蓬蝰蛇（上图）蜷曲身体，隐藏在落叶丛中，很难被其他动物发现。

爬行动物的生物钟

与哺乳动物和鸟类等恒温动物不同，爬行动物是变温动物，体内没有能产生热量的机能。如果爬行动物的体温太低，身体运行速度就会变慢，导致行动变得迟缓，甚至可能停止不动。在这样的情况下，爬行动物既不能进食，也无法逃避掠食者。为了保持体温平衡，爬行动物每天从凉爽的地方转移到温暖的地方，再从温暖的地方返回凉爽的地方，这样的行动可以让它们的身体处在一个相对舒适的状态。

应对冷血现象

变温动物又被称为冷血动物，体温随环境温度而变化。虽然被称为冷血动物，但蜥蜴和蛇等爬行动物沐浴在热带阳光下时，体温是普遍高于哺乳动物和鸟类的。变温动物的体温主要取决于外部环境，也就是天上的太阳。白天时，爬行动物找到合适的地方，提升或者降低自己的温度；到了夜晚，尤其是半夜，如果周围的温度太低，它们就会找一个安全的地方躲起来，直到寒冷的夜晚结束。

中午

蜥蜴早上吃了昆虫和蠕虫等食物后，由于中午的温度太高，它们一般待在岩石的阴影下面乘凉。

◀ **黎明**

凉爽的夜晚过后，蜥蜴沐浴在晨光之中，吸收温暖的阳光，提升身体的温度。

利用太阳能

太阳散发出的热量是一种用途十分广泛的能源，从爬行动物到昆虫和蜘蛛，许多变温动物都依赖太阳而生存。植物也是如此，它们通过光合作用获取营养。太阳的热量和光能被称为太阳能，人类将太阳能转化为电能等资源，供日常生活和生产使用。我们获取和利用太阳能的设备有很多种，比如太阳能电池板、太阳能炉和太阳能发电站等。

傍晚

傍晚时分，蜥蜴侧身面向落日，捕捉最后的余晖和热量。

◀下午

蜥蜴在下午狩猎。只有体温合适的时候，蜥蜴的速度才能达到惊人的状态。

夜晚

太阳落山后，温度降了下来，周围的岩石也冷却了。蜥蜴放慢速度，缓慢爬回自己的洞里。

星空中的爬行动物

古代人坚持观察夜空，并从星星的组合状态联想到神话中的人物、动物和其他熟悉的物体。他们把星星的组合方式称为星座，星座可以指引方向，为航行在茫茫大海中的探险家导航，或者为踏足未知大陆的冒险家指明方向。许多星座以爬行动物的名字命名，比如天龙座、长蛇座、水蛇座、蝎虎座和巨蛇座等。

冬眠

英国、欧洲中部和北美洲部分地区位于温带，气候特征为冬冷夏热。冬天时，温度太低，爬行动物无法调节自身的体温，所以会尽量减少户外活动，或者直接躲进地洞里、山洞中、岩石下，进入长期的睡眠状态，也就是冬眠。来年春天到来时，天气变暖和，这些动物又会苏醒过来。

崇拜爬行动物

有些民族崇拜爬行动物，并把它们当作神灵祭拜。古代中美洲人信仰羽蛇神，认为这个神祇主宰晨星，掌管农业，发明了书籍和立法等。

高技术觅食

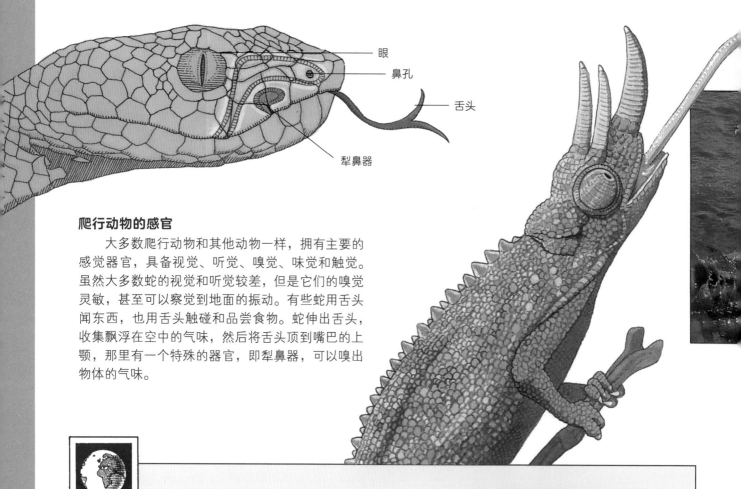

大多数爬行动物都是食肉动物，经常活捉小动物，并整个吞下去。这是因为，一方面，它们没有咀嚼牙，无法有效嚼碎食物；另一方面，它们没有灵活的脸颊和嘴唇，无法将食物兜在嘴里。有些蜥蜴吃柔软的叶子和水果，有些蜥蜴以濒死的和已死的动物或植物为食。科莫多巨蜥（左图）是一种大型蜥蜴，主要以山羊等动物的尸体为食。少数蜥蜴是食草动物。海龟和陆龟是以植物为食的爬行动物。

眼

鼻孔

舌头

犁鼻器

爬行动物的感官

大多数爬行动物和其他动物一样，拥有主要的感觉器官，具备视觉、听觉、嗅觉、味觉和触觉。虽然大多数蛇的视觉和听觉较差，但是它们的嗅觉灵敏，甚至可以察觉到地面的振动。有些蛇用舌头闻东西，也用舌头触碰和品尝食物。蛇伸出舌头，收集飘浮在空中的气味，然后将舌头顶到嘴巴的上颚，那里有一个特殊的器官，即犁鼻器，可以嗅出物体的气味。

提取蛇毒

有些蛇有毒，而且毒性很强，甚至可以杀死人。为了研发克制蛇毒的解毒血清，及时挽救中毒的人，蛇毒专家需要获取并深入了解蛇毒。获取蛇毒的方法之一是从蛇的体内提取蛇毒。如右图所示，让毒蛇咬住细长玻璃器皿的顶端，蛇牙中的毒液便会滴入玻璃器皿中。蛇毒专家收集这些毒液后，会尽快送到实验室进行研究和分析。

各种食物

　　变色龙悄悄爬到苍蝇等猎物跟前，然后迅速吐出长舌将其粘住，再把猎物送进嘴里吞下去。捕猎的过程实在太快了，肉眼根本看不清楚。鳄鱼必须爬到斑马等猎物跟前，才能捕获它们（下图）。陆龟的动作实在太慢了，它们抓不到猎物，只好慢悠悠地咀嚼叶子。

热敏成像

　　颊窝毒蛇的眼睛下面有一个下凹的漏斗形器官，叫颊窝，它可以感应周围温度的变化。当老鼠和鸟类等猎物靠近时，颊窝毒蛇能感知到，并及时将其捕获，然后一口吃掉。颊窝毒蛇依靠热量感知猎物的过程叫作热敏成像，这种方法在黑暗中非常管用，所以它们不用担心找不到吃的。

爬行动物大餐

　　在世界某些地区，爬行动物食物非常受欢迎。随着全球生态的变化，各种动物的数量越来越少，人们逐渐树立起保护自然和动物的意识。如今，吃野味的人越来越少，我们的肉食主要来源于人工养殖。

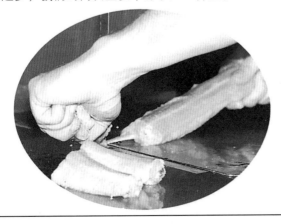

钓鱼啦！

　　垂钓者为自己的钓鱼技能感到自豪，但你知道吗？爬行动物也会用诱饵钓鱼，而且这种行为已经持续了数百万年！真鳄龟主要分布在美国密西西比河流域，它们静卧在河床上，张开嘴巴，伸出舌头。真鳄龟的舌头上有一个鲜红色的肉突，形状像蠕虫，两端能够自由伸缩。小鱼看到肉突后以为是真的蠕虫，于是游上去准备吃掉它。就在这时，真鳄龟咬紧上下颚，将小鱼吞进去。

求偶和繁殖

爬行动物的繁殖方式与其他脊椎动物相似。同一物种的雄性和雌性通过求偶成为伴侣，交配后繁衍下一代。雌性会找一个安全的地方产卵，让幼崽在蛋里面发育，并依靠蛋里储存的营养物质生存。一段时间之后，幼崽从蛋里孵化出来。有些小蛇一出生就成熟了，可以独立爬行和觅食。有些爬行动物的幼崽需要父母照顾，但与鸟类和哺乳动物相比，爬行动物养育幼崽的现象并不常见。

大蜥蜴

在尼罗河流域，雄性大蜥蜴相互搏斗。最强壮的大蜥蜴赢得比赛后，获得与雌性大蜥蜴交配的机会。这种竞争行为能将强大的体格和优良的基因延续下去。

蛇

在繁殖季节，雌蛇释放出含有求偶信息的气味，吸引多条雄蛇爬过来。雄蛇缠绕在一起激烈地搏斗，直到分出最终胜负。只有最强壮的雄蛇才有资格与雌蛇交配。

舞龙舞狮

在中国古代，龙是繁荣强大的象征。节日里，人们扎制长龙，制作龙头模型戴在头上，去街头举行舞龙舞狮活动，现场锣鼓喧天，鞭炮齐鸣，好不热闹。人们诚心祈愿人畜兴旺、五谷丰登。

慈爱的鳄鱼

很久以前，人们发现鳄鱼常把幼崽含在嘴里，所以误以为它们在食用自己的幼崽。后来经过研究，人们发现这种行为其实是在哺育幼崽。幼崽刚孵化出来时还很弱小，鳄鱼妈妈会保护它们，并把它们带到水中。鳄鱼妈妈将幼崽保护得很好，几乎没有动物能从它们口中夺走幼崽。鳄鱼妈妈如此有爱心，这在爬行动物中是不常见的。

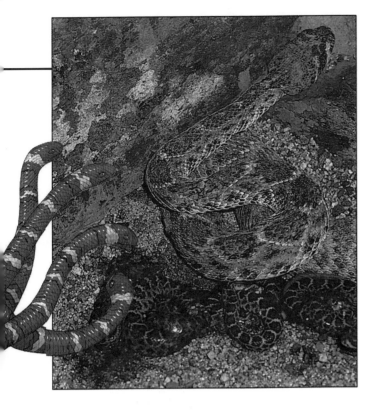

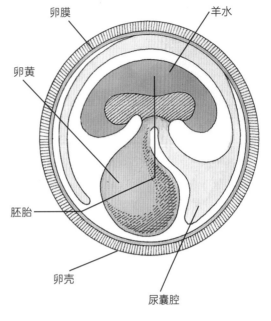

卵膜　　　　　　　羊水

卵黄

胚胎

卵壳

尿囊腔

卵的内部结构

　　爬行动物产下的蛋，也是它们的卵。孵化过程中的卵，里面含有羊水，胚胎就浸泡在羊水中。在卵里面，食物和营养物质以卵黄的形式存在，卵黄是胚胎发育的物质基础。胚胎在成长过程中，会将废弃物排到尿囊腔里。卵壳上有小孔，胚胎通过小孔呼吸，氧气从小孔进入卵膜，被胚胎吸收后参与血液循环。有些蛇不是在卵中长大的，它们在母体内孕育和生长，直到完全成熟后才脱离母体。大多数海龟在河岸或海滩附近温暖的沙子里产卵，这样可以加快卵的孵化。

拯救海龟

　　"度假者"纷纷涌向海滩，破坏了那里的自然环境。而海滩曾经是海龟的繁殖地，它们在那里产卵，孵化出小海龟。为了保护海龟繁衍，部分沙滩被设立为保护区，不允许发展旅游业。这种行为在一定程度上保护了海龟的自然生存。

鳄鱼，会游还会走

鳄鱼是鳄目动物。鳄目动物是食肉动物，体形庞大而笨重，可以在水中生活，也可以在陆地上生活。鳄鱼多分布在热带地区，依靠强劲有力的尾巴和后肢在水中游动，平时在水边晒太阳取暖。南美洲的凯门鳄和中国的扬子鳄都是短吻鳄。短吻鳄也是鳄目动物，嘴巴比鳄鱼宽。短吻鳄的食物包括青蛙、蛇、蜥蜴和鸟类等。印度的恒河鳄又名长吻鳄、食鱼鳄。

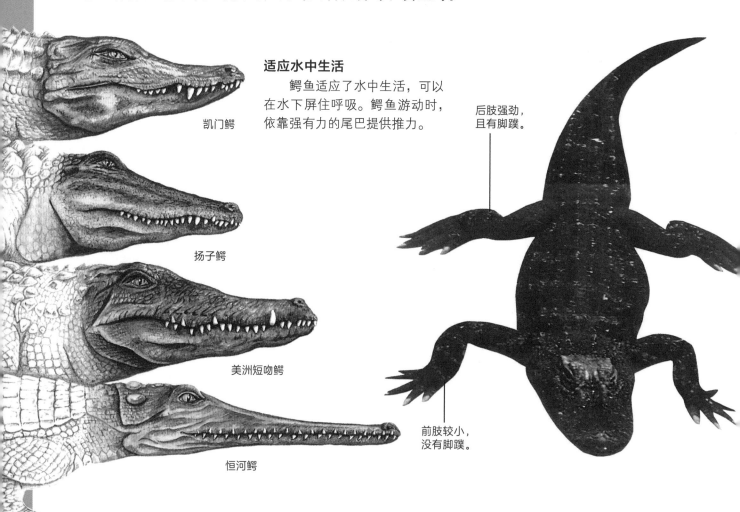

适应水中生活

　　鳄鱼适应了水中生活，可以在水下屏住呼吸。鳄鱼游动时，依靠强有力的尾巴提供推力。

后肢强劲，且有脚蹼。

凯门鳄

扬子鳄

美洲短吻鳄

恒河鳄

前肢较小，没有脚蹼。

全世界的鳄目动物

　　鳄目动物主要包括鳄鱼和短吻鳄。其中，鳄鱼约有 20 种，现存短吻鳄只有 2 种。湾鳄是唯一可以生活在盐水中的鳄鱼。

游动的尾巴

鳄鱼的肌肉强壮而结实，可以控制尾巴左右摇摆。游动时，身体的其他部位是僵直的，几乎没有任何动作。

鳄鱼的帮忙

《原来如此的故事》是由诺贝尔文学奖获得者鲁德亚德·吉卜林创作的短篇小说集，里面有一篇关于鳄鱼的故事：一只鳄鱼抓住了一头年轻的大象，那时的大象还很小，比靴子大不了多少。为了逃脱鳄鱼的捕捉，大象将鼻子拉长，最后变成了现在的样子！

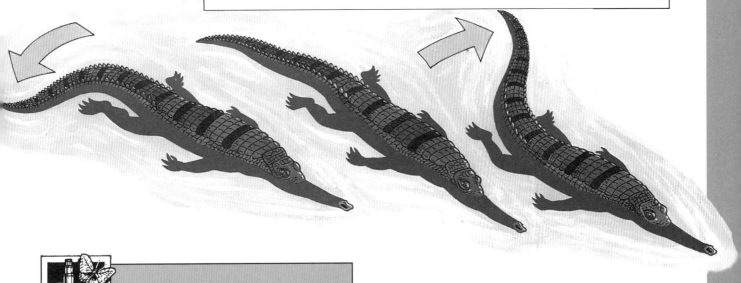

从珍稀动物到常见动物

美洲短吻鳄生活在美国东南部地区，曾因危害人类农业活动而遭到猎捕，甚至一度成为珍稀物种，步入濒临灭绝的境地。1969 年，美国颁布了《濒危物种保护法》，美洲短吻鳄由此成为受法律保护的野生动物。1987 年，美洲短吻鳄摆脱濒临灭绝的危机，成为较常见的动物。

游动的鳄鱼

鳄鱼游动时，主要依靠尾巴产生推力。鳄鱼的尾巴在水中左右摇摆，就像鱼的尾巴一样。鳄鱼在水下时，通常把前肢放在身体的下侧，以减少游动时的阻力；后肢张开，可以用于转向，也可以用于低速划水。鳄鱼的后肢上长有脚蹼，当脚蹼撑开向上推时，鳄鱼便停止游动，沉入水中。

鳄鱼的歌曲

鳄鱼的形象曾经出现在各种戏剧和歌曲中。美国摇滚歌手比尔·黑利和彗星乐队共同创作的《再见，短吻鳄》曾风行一时，成为当年的热门曲目。1973 年，英国歌手埃尔顿·约翰创作了《鳄鱼摇滚》。

比尔·黑利

小心，不要靠近毒蛇

地球上约有 3400 种蛇，其中大约 1/6 是有毒的，而毒性能置人于死地的大约有十几种。毒蛇咬住猎物后，会喷射毒液，注入毒素，从而麻痹或杀死猎物。如果人在无意中踩到蛇，蛇为了自卫也会咬人。最好不要靠近蛇，万一在路上遇到了蛇，一定要倍加小心！

眼镜蛇

毒腺

毒牙

毒牙向外伸出，
准备发起攻击

蝰蛇

毒腺

毒液和毒牙

毒蛇的毒液由毒腺分泌，毒腺位于头部两侧。毒蛇咬伤敌人后，通过毒牙将毒液注入敌人体内。非洲树蛇和藤蛇的毒牙位于嘴巴后侧，眼镜蛇和银环蛇的毒牙位于嘴巴前侧。蝰蛇的毒牙又长又大，平时藏在肉鞘中，使用时才会向前伸出。

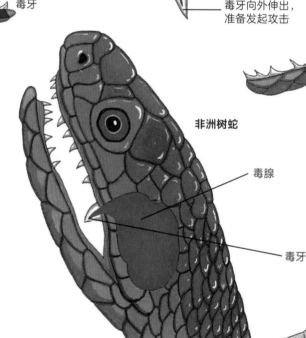

非洲树蛇

毒腺

毒牙

耍蛇

在非洲坦桑尼亚等地区，耍蛇是一项极受欢迎的娱乐节目。耍蛇者吹奏长笛，引导毒蛇摇来晃去，仿佛在跳舞一样。耍蛇活动中一般使用的是眼镜蛇等毒蛇，它们的毒腺已经被清理掉了，毒牙也被拔掉了，因此对人无害。实际上，蛇听不到吹奏出的笛声，也没有被催眠，它们只是根据耍蛇者的各种动作做出相应的反应，看起来就像在表演一样。

上图：银环蛇

当心蛇发女妖

美杜莎是古希腊神话中的蛇发女妖。美杜莎的头发由一条又一条蛇盘绕而成，任何直接与她对视的人，最终都会变成石头。英雄珀尔修斯与美杜莎交战时，用盾牌反射的光观察她的行动，避免与之对视。最后，珀尔修斯杀死了蛇发女妖美杜莎，从而成为受人敬仰的英雄。

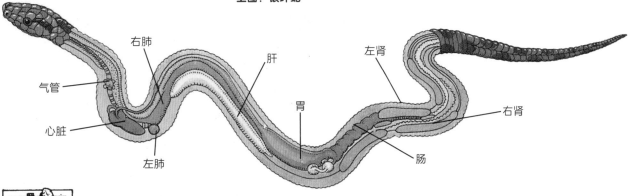

气管　右肺　肝　左肾
心脏　胃　右肾
左肺　肠

蛇的身体结构

蛇的身体又细又长，为了适应这种体形，它的内部器官也与其他动物不太一样。蛇有两个肺，但只有右肺能正常呼吸，左肺很小，有的蛇甚至没有左肺。而且，蛇的左肾和右肾不是并列分布的，左肾通常位于右肾的前面。

拟态

有些毒蛇颜色绚丽，向外界宣告自己的危险性，警告其他动物不要靠近。有些蛇是无毒的，但身上同样有绚丽的颜色。这些无毒的蛇是模仿者，它们通过拟态来威胁敌人。

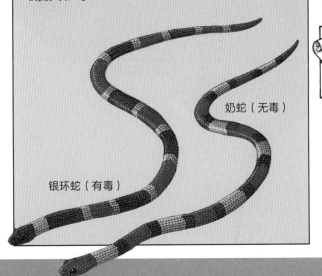

奶蛇（无毒）

银环蛇（有毒）

女王和蛇

克利奥帕特拉七世是古埃及托勒密王朝的最后一位女王。公元前31年，屋大维攻进古埃及，包围亚历山大城，女王的情人安东尼自杀了。克利奥帕特拉七世陷入绝望之中，让侍女带来一条叫"阿普斯"的毒蛇。女王被毒蛇咬死，结束了传奇的一生。莎士比亚创作的戏剧《安东尼与克利奥帕特拉》，就是根据这一历史事件改编的。

别怕，它们没有毒

蛇虽然很可怕，但大多数蛇都是无毒的。蛇分布在丛林中、沼泽里或沙漠上，多出没在荒野或偏远的地区，过着安静而隐秘的生活。蛇猎杀昆虫、蜘蛛、蠕虫、老鼠和青蛙等动物，很少与人类接触。最小的蛇只有我们手指那么长，蟒蛇是大型蛇，但没有想象中那么可怕。与其他爬行动物一样，蛇总在不停地长大，而且长大的速度会随年龄的增加而放缓。

吞下鸟蛋的蛇

胡吃海塞

蛇的进食方式是直接吞咽，而不是啃咬或用牙齿咀嚼。蛇的下颚是由关节双向铰接的，下颌骨具有弹性，所以可以将嘴巴张得很大，吞下比头部大得多的食物。

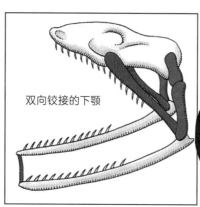

双向铰接的下颚

蟒蛇和蚺蛇

蟒蛇和蚺蛇都是爬行动物。蟒蛇属于蟒科，约有 28 种；蚺蛇属于蚺科，约有 75 种。大约 7000 万年前，第一批蟒蛇和蚺蛇出现了，它们由陆地蜥蜴进化而来，体内还残存部分后肢骨。

蛇和医学标志

阿斯克勒庇俄斯是古希腊神话中的医神，他的父亲是太阳神阿波罗。传说中，阿斯克勒庇俄斯看到蛇有神奇的治愈功能：蛇舔舐病人的伤口后，病就好了。在西方，蛇盘绕的权杖是医学和医学界的标志。世界卫生组织的会徽里也有一条盘绕的蛇。

窒息而亡

蟒蛇和蚺蛇捕猎时用身体缠住猎物，越勒越紧，直到猎物无法呼吸。最后，蟒蛇和蚺蛇会挤破猎物的胸部，使猎物窒息而亡。

装死

有些蛇遇到危险时会装死。草蛇（上图）在地上翻滚，背部朝下，瘫倒在地，伸出舌头，表现出一副濒死的状态。攻击者对这种猎物失去兴趣，只好悻悻地离开。

直线运动

蟒蛇腹部的鳞片宽大而扁平，层层叠叠地排列在一起。身体的后部牢牢地抓住地面，前端可以笔直地向前运动。

蟒蛇伸展身体的前部。

蟒蛇放低鳞片，抓住地面。

翡翠树蚺

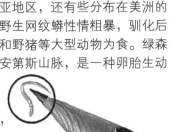

蜥蜴也有很多种

蜥蜴是种类最多的爬行动物，分布范围十分广泛。大多数蜥蜴生活在热带地区，白天在开阔的地带觅食，很容易被发现。大多数蜥蜴都是无毒的，但吉拉毒蜥和墨西哥火蜥蜴是有毒的，它们生活在北美洲。澳洲伞蜥又叫澳洲斗篷蜥、褶伞蜥，遇到危险时会张开嘴巴，并竖起颈部巨大的伞状斗篷。伞状斗篷颜色鲜亮，这在求偶时也可以发挥作用。

体形与四肢

大多数蜥蜴头部大，眼睛突出，身材苗条，四肢等长，还有一条长长的尾巴。有些蜥蜴的体形发生了变化，以便适应各种各样的环境。有些蜥蜴四肢退化，看起来像蛇，能在软土中迅速打洞；有些蜥蜴四肢强健而敏捷，手指有较强的握力，能在树枝间穿行。

科莫多巨蜥生活在东南亚，是地球上体形最大的蜥蜴。

喷点变色龙

澳洲伞蜥竖起巨大的伞状斗篷。

讨好伴侣

大多数雄性蜥蜴的体形大于雌性，而且身上的颜色更为艳丽。安乐蜥是一种变色蜥蜴，主要分布在中美洲和南美洲。雄性安乐蜥的颈部长有红色或黄色的褶皱，被称为垂肉。雄性安乐蜥向前移动喉软骨，垂肉便像扇子一样展开，闪耀出鲜红或者明黄的颜色，以吸引雌性与之交配。飞蜥蜴是一种史前蜥蜴，也长有类似的颈部结构。

可再生的尾巴

　　蜥蜴爬上岩石或树枝后，靠尾部来平衡身体，但尾巴对生存并不是至关重要的。如果掠食者咬住了蜥蜴的尾巴，它们便在某个特定节点收紧尾部的肌肉，让尾巴折断，好从掠食者口中逃出来，同时，肌肉产生痉挛防止失血过多。过不了多久，新的尾巴就会重新长出来啦。

刺尾蜥，分布在非洲和南亚

动物的地理分布

　　与其他陆地动物一样，蜥蜴的地理分布十分明显。换句话说，某个地区的蜥蜴在外形和生活习性上，与其他地区的蜥蜴有明显的区别。19 世纪 50 年代，英国博物学家阿尔弗雷德·罗素·华莱士深入研究了动物的地理分布，并对之做出了重要贡献。他提出，龙目岛和里巴岛之间有一条深沟，深沟以东是澳大拉西亚的动物类型，深沟以西是东南亚的动物类型，这条深沟被称为华莱士线。华莱士的这一理论后来被逐渐完善为世界动物地理分区。

特古蜥蜴，分布在南美洲

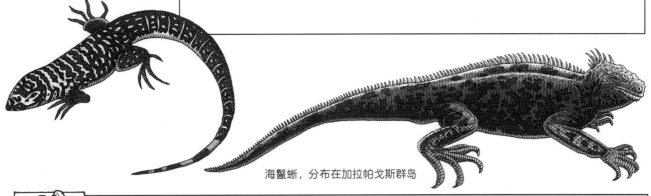

海鬣蜥，分布在加拉帕戈斯群岛

只有雌性蜥蜴

　　有些动物只有雌性，没有雄性，这种现象在昆虫和蠕虫中相当常见，部分蜥蜴也有这样的情况。雌性不与雄性交配，就能产卵并孵化出幼崽，这样的生殖方式被称为孤雌生殖。沙原鞭尾蜥是世界上速度最快的爬行动物，主要生活在美国南部和墨西哥北部，这种蜥蜴是孤雌生殖的动物，能在圈养的状态下独立繁殖好几代。

慢悠悠的龟鳖

陆龟、海龟和水龟都是龟鳖目动物，也是现存最古老的爬行动物，可能还是最特别的爬行动物。龟鳖目动物都有厚重而坚硬的外壳，行动缓慢，是历史上最悠久的生物之一。化石证据表明，早在2亿年前，哺乳动物还没有出现的时候，龟鳖目动物就开始在地球上生活了。如今，它们仍然分布在许多地方，从沙漠到雨林和海洋，从热带地区到温带地区，都能见到它们的踪影。

进化的线索

19世纪30年代，英国生物学家查尔斯·达尔文探访了加拉帕戈斯群岛。这一岛群位于太平洋东部，岛上生活着许多巨大的乌龟。1859年，他创作的《物种起源》出版了。这本书刚一上市，当天就卖光了。书中系统地阐述了生物的进化过程，表现出空前的科学意识，对当时占据统治地位的神学产生了强烈冲击。后来，达尔文的进化论成为生物学的核心理论。

忍者神龟

20世纪80年代，动画片《忍者神龟》风行全世界。这部动画片的主角是4个武功高强的乌龟忍者，他们因遭受放射性污染而发生基因突变，成为人形龟的超级英雄。忍者神龟积极与犯罪集团做斗争，表现出机智、勇敢、团结、幽默等美好品质，深受人们的喜爱。

鸡龟

大鳞甲

背甲

腹甲

拟地图龟

海龟的身体结构

龟鳖目动物的外壳约由60块骨板构成。背部骨板形成一个向上拱起的圆顶，被称为背甲。腹部骨板如同一个平碗，被称为腹甲。肋骨和脊骨插在背甲的内侧。背甲的表面是大鳞甲，起加固外壳的作用。

玳瑁工艺品

　　现在，梳子、小匣子和小首饰等工艺品大多用塑料制成。但在很久以前，这些东西都是用龟壳制成的。手工艺人将龟壳打磨、修平、抛光，然后将它们制成各种各样的工艺品，拿到市场上去售卖。这种行为危害了龟鳖目动物的生存，使野生龟鳖的数量显著减少，因此受到了严格管控。

磨香鳖

锦龟

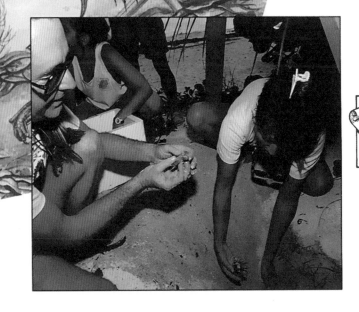

　　佛罗里达州温暖的沼泽地是龟鳖目动物理想的栖息地。有些龟鳖以植物为食，有些龟鳖是食肉动物，它们在泥土中挖掘贝类和蠕虫，或者在水中捕捉鱼和蛇作为食物。哥法地鼠龟（上图）生活在地下洞穴里，以青草和果实为食。

水手的食物

　　很久以前，水手们顺手捕捉海龟，并将其作为食物储备。海龟行动缓慢，极易被水手抓到，并且它们适应能力很强，只要有水，就可以在船上存活好几个星期。食物匮乏的时候，水手将海龟宰杀后，厨师将其做成新鲜的肉食，供船员们享用。

保护龟鳖目动物

　　龟鳖目动物是濒临灭绝的爬行动物，可能也是濒危程度最高的动物。它们因肉味鲜美而遭到捕杀，除此之外，还有人剥取它们的外壳制作工艺品。另一方面，旅游业的发展和滨海度假地的扩张，侵占了它们的繁殖地。在全世界范围内，大多数龟鳖目动物都被列入濒危物种的名单，受到法律的保护。

词汇表

澳大拉西亚
法国学者布罗塞提出的地理概念，意思是"亚洲南部"，包括澳大利亚和新西兰等地区。

保护区
为保护野生动物或自然环境而设立的特定区域。

濒危物种
指在不久的将来很可能灭绝的物种，灭绝的原因可能来自物种本身，也可能是因人类活动或自然灾害造成的环境变化。

玳瑁
一种生活在海洋中的海龟科爬行动物，体形巨大，性情凶猛，以鱼类、虾、蟹和软体动物为食，也吃海藻和海绵，甚至能消化玻璃。

黑色素
一种生物色素，是由动植物体内的黑色素细胞生产和储存的。

化石
留存在岩石中的古代生物的遗体和残骸等，是古生物学家的主要研究对象。

颊窝
部分蛇类头部的感温器官，位于鼻孔和眼睛之间，呈凹状，似漏斗形，对热量非常敏感。

角蛋白
构成头发、角、爪和人体皮肤外层的主要蛋白质。

进化
动植物为适应环境变化而做出的遗传性状的改变，通常需要几代间的长时间积累，表现为外形或行为方面的改变，目的是更好地生存。

内脏
这里指位于爬行动物体内的器官，包括大脑、心脏、胃、肠、肾等。

尼罗河
世界上最长的河流，流经非洲东部和北部，被誉为埃及的"母亲河"。

人工养殖
指通过人工培育动植物的方式。

上龙
一种灭绝的海洋爬行动物，生活在侏罗纪时期，以鱼类、鱿鱼和其他海洋爬行动物为食。

食草动物
以植物为食的动物。

亚马孙河
位于南美洲北部的河流，流域广、流量大、支流众多，蕴藏着丰富多样的生物资源。

沼泽
一种湿地环境，一般为大片泥淖区，水草丰茂，适合许多野生动物生存。

增殖
指细胞通过分裂的方式产生新的细胞，以补充衰老和死亡的细胞。

第五章
多彩多姿的鱼类

对人类来说，鱼是鱼缸里身形小巧、色彩缤纷的游泳健将，是在湖中游动的黑色身影，也是餐盘里的白色鱼片。翻开这个章节，你将走进五彩缤纷而又令人惊叹的鱼类世界。你会看到各种形态迥异的鱼类，它们的身上有绚丽多彩的颜色，在水中游动的速度非常快，而且动作非常敏捷。

从冰冷的极地海域到热带的沼泽地区，从小水坑到海洋深处，跟着这个章节穿梭到不同的地方，一起看看鱼类如何狩猎、躲藏、求偶、繁殖和生活吧！除此之外，这个章节还将带你回溯历史，让你深入了解人类和鱼类的关系。

什么是鱼类

鱼类是种类繁多且数量庞大的动物群体，它们完全适应了水下的生活。鱼类是脊椎动物，体内有脊柱支撑躯体。鱼类的皮肤表面覆盖着一层坚硬的鳞片，起保护作用。鱼类是变温动物，用鳃在水下呼吸。鱼在水中游动时，靠尾巴和鱼鳍产生动力。鱼的身体呈流线型，可以在水中快速游动。鱼的种类多达上万种，以上信息基本概括了它们的总体特征，但也有特殊的鱼并不完全符合以上特点。

鱼类的祖先

鱼类已经在地球上生活了 5 亿年，它们出现在地球上的时间比恐龙和其他史前动物还要早。约 3.5 亿年前，某些鱼类爬出海洋来到陆地，它们逐渐进化出四肢，变成可以在陆地上行走的两栖动物。如今，地球上有 3.6 万种鱼，比两栖动物、爬行动物、鸟类和哺乳动物等脊椎动物加起来的种类之和还要多。从史前到现在，鱼类的身体结构基本没有什么变化，但体形和大小等方面发生了一些改变。

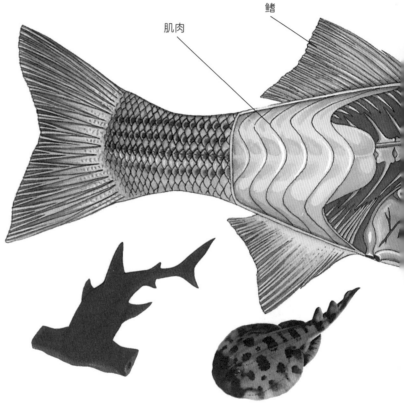

肌肉

鳍

鲢鱼

翻车鱼

锤头鲨（双髻鲨）

电鳐

鱼化石

有些石头中包含鱼骨头，随着时间推移，鱼骨头和石头融为一体，以化石的形式保存下来。距今约 4.8 亿年至 3.6 亿年前，苏格兰地区形成了老红砂岩。后来，科学家们在这些砂岩中挖出了数千个鱼类化石标本。

小世界

有些鱼遨游在广阔的海洋中，有些鱼生活在极其狭小的水域。魔鬼鳉是一种银色小鱼，生活在美国内华达州沙漠地区的水池里。这个水池的面积很小，和一间教室的大小差不多，但也是每只魔鬼鳉一生的全部活动范围了。

蓝鲸

海星

它们不是鱼类

很多动物生活在水中，但它们不一定是鱼类。比如海蜇，实际上是一种腔肠动物，而不是鱼类。海星是棘皮动物，贝类是软体动物，小龙虾是甲壳动物，它们都不是鱼类。有些生活在水中的动物，体形看起来像鱼，但它们也不是鱼，比如鲸鱼和海豚。鲸鱼和海豚都是恒温动物，和人类一样都是哺乳动物，需要跳出海面呼吸空气。海豹和海狮有时生活在水中，但它们也是哺乳动物。企鹅和潜鸟会像鱼一样沉入水中，但它们是鸟类。

鱼类的身体结构

大多数鱼类的骨架由硬骨构成，鲨鱼、鳐鱼和魟鱼的骨架由软骨构成。鱼的骨架包括大脑的头骨，以及躯体中的椎骨和肋骨。骨架上面主要是肌肉，游动时可以控制身体和尾巴。与大多数脊椎动物相似，鱼的体内分布有各种内脏，包括心脏、血管、胃和肠等消化器官，以及生殖器官。

鳔

脑

鳃

嗅觉器官

心脏

肠

胃

肾

鲳鱼

皇带鱼

鱼的纪录

体形最大的鱼是鲸鲨（右图），其体长可以达到15米，体重可以达到20吨。体形最小的鱼是侏儒虾虎鱼（下图），其体长只有6.5毫米。体长最长的硬骨鱼是草鱼，它的身体可以达到12米长。

鱼鳍、鱼鳞和鱼鳃

自主移动、呼吸和身体保护是动物的三大特征。大多数鱼类靠尾巴和鱼鳍产生前进的动力，尾巴可以推动身体，鱼鳍可以掌握方向、控制身体转向。鱼类身体表面的鳞片坚硬而灵活，既可以起到保护作用，也可以在游动时辅助身体弯曲和扭动。鱼的眼睛后面有鱼鳃，可以过滤空气，帮助鱼呼吸。与其他动物一样，鱼需要持续的氧气供应才能生存，鱼鳃可以帮助它们吸收溶解在水中的氧气。

鱼鳍

一般来说，鱼有 7~10 条鱼鳍，而鳗鱼等鱼类只有 3~4 条鱼鳍。最大的鱼鳍是尾鳍，即鱼的尾巴。在鱼身体中线的位置，背部和腹部各有 1 条鱼鳍，作用是保持鱼身的平衡与稳定。身体两侧成对的鱼鳍，可以帮助鱼在游动时转换方向。鱼鳍由软骨或硬骨的细条支撑，构成鳍条，也就是鳍棘，因此鱼鳍具有弹性。鱼鳍底部的肌肉运动时，鳍棘移动或倾斜，从而改变鱼鳍的形状，使鱼鳍产生相应的动作。

短跑冠军

鱼类能在短时间内迅速游动，其中速度最快的是旗鱼。在一定时间内，旗鱼的最高速度能达到 110 千米 / 时，即游完 100 米只需要 3 秒钟。测试一下，你跑完 100 米需要多长时间，你的速度比旗鱼还快吗？

第一背鳍

尾鳍

第二背鳍

臀鳍

腹鳍

胸鳍

鲨鱼皮

鲨鱼的鳞片（右下图）非常特别，就像镶嵌在皮肤中的牙齿，又小又尖，被称为肤齿。这样的鳞片结构，使得鲨鱼的表皮非常坚韧和粗糙。人们用鲨鱼皮制作背心、皮带、靴子和裤子，以及磨砂纸等。

鱼鳞

大多数鱼类的体表都被鳞片覆盖。鳞片的形状与人类的指甲相似，并且也是由角蛋白构成的。鳞片的底部或根部嵌入皮肤，其他部分与鱼的皮肤并不相连。鳞片覆盖在鱼的身上，就像屋顶的瓦片一样层层叠叠。鳞片上面有一层不溶于水的黏液，既保护了鱼的身体，也让鱼可以在水中自由滑行。

鱼鳃和水

水流进鱼的嘴巴里，鱼通过鱼鳃吸收水中的氧气，被过滤后的水从鳃盖下流出来。

鳃丝

鳃丝是鱼鳃中的细薄鳃瓣，可以吸收溶解在水中的氧气。

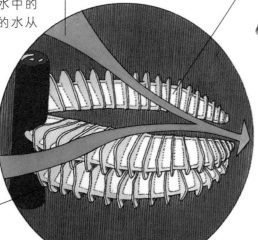

鳃弓

鳃弓支撑着鳃丝。

鱼鳃

鱼鳃和陆地动物的肺具有相同的功能，可以帮助吸入氧气，并将其注入血液之中。鱼鳃呈羽毛状，内部血液供应充沛，因此呈深红色。鱼的头部两侧通常有4~5组鱼鳃，上面是一层鳃盖。鲨鱼也是鱼，但它们没有鳃盖。

氧气的流动

鳃丝吸收水中的氧气，并通过血液将氧气输送到身体的各个部位。

活化石

化石证据表明，距今3.5亿年至7000万年前，地球上曾经遍布各种腔棘目动物。后来，这些动物神秘地消失了，科学家还没有弄清其中的缘由。1938年，人们在非洲东南部捕获了一只活的腔棘鱼。之后，人们在科摩罗群岛附近发现并捕获了更多的腔棘鱼。腔棘鱼的鱼鳍是肉鳍或叶鳍，这种鱼和3.5亿年前爬上陆地的鱼是近亲，这些爬到陆地的鱼后来进化成了两栖动物。

喘气

水中的氧气含量受水的温度的影响：如果水的温度高，氧气含量就少；如果水的温度低，氧气含量就多。在这样的情况下，水的温度越高，那么可以供给鱼类吸收的氧气就越少。如果池塘中的水被抽干，或者把鱼群赶到水量更少的环境中，那么鱼的生存就会受到威胁。这时，鱼也许会跳出水面呼吸空气。肺鱼是最擅长从空气中吸收氧气的鱼类。

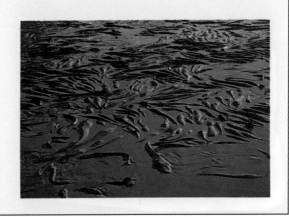

流线式的身形

许多鱼的身体呈流线型，比如左图的鲭鱼，这样的身体形态使它们能在水中迅捷而平稳地游动。大多数鱼的身体是银色或蓝绿色的，可以与周围的水融为一体。虽然鱼的身体结构基本相同，但也有一些例外。有些鱼可以改变身体的形状和颜色，与周围漂浮的海藻或海底的岩石融为一体，形成伪装，进行防御。有些鱼的身上有鲜艳的色彩和图案，表明自己体内有毒或者肉质并不美味。这些颜色和图案就是鱼的警戒色，用来警告捕食者远离自己。

鱼模型

准备一些纸板和开口销，一起制作可以活动的鱼模型吧！如下图所示，将鱼的身体分为5段，在每段的上下端都剪出封盖，并在封盖上打几个小孔，将开口销插到封盖的小孔上，让分段的鱼身串起来，成为一条整鱼，这样鱼的身体就像是由椎骨连接起来的。现在，抓住鱼的尾巴，左右扭动鱼的身体，看看鱼模型是如何动起来的，它的姿态和在水中游动的鱼是一样的吗？

比目鱼可以改变身体的颜色，使自己融入海底。

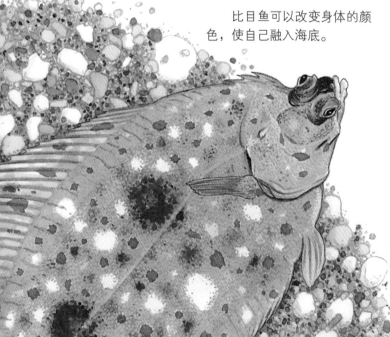

形状和图案

生物学家研究过鱼的形状及颜色与自然环境之间的关系。在几乎没有任何装饰物的水族箱中，鱼的颜色非常艳丽，令人瞩目。然而，在珊瑚礁等自然环境中，鱼的颜色与周围的珊瑚、岩石和杂草等物体的颜色融合在一起，反倒不那么显眼了。海鲂（右图）的体形十分古怪，从前面看太薄，从侧面看太大，仿佛有些比例失调。但正是这样古怪的体形，让它们可以在昏暗的水域中不知不觉地靠近猎物，而且不被其他捕食者发现。

游动

鱼在游动时，会依次收缩身体两侧的肌肉，从而牵动脊椎，并推动身体左右摇摆，所以向前游动时，鱼的整个身体呈波浪形。每一次波浪式运动结束后，鱼的尾巴便从一边摆向另一边，分别向身后和侧面推动水流。身体两侧的水流相互抵消，尾巴处的水回流过来，推动鱼向前游动。

弯曲身体

角鲨是一种小型鲨鱼，左边的 S 形四连运动图生动地展示了角鲨游动时的具体姿态。

狮子鱼（左图）的身上分布有斑驳的条纹，表明它们刺入敌人体内的鳍棘含有威力极强的毒素。箱鱼（左下图）的坚硬骨板嵌入皮肤之中，使身体变成盒子的形状，可以起到保护作用。

水下的控制

鱼身体两侧的胸鳍和臀鳍可以帮助它们向上或者向下游动。背部和腹部的鱼鳍可以左右摇摆，使鱼的身体进行侧向或者横向运动。鱼的运动形式分为俯仰（上下）、翻滚（倾斜）和摆动（左右）。

俯仰　　　翻滚　　　摆动

潜艇一般设置有鱼鳍状的舵，分为艏升降舵和艉升降舵，潜水员通过改变升降舵的角度来控制潜艇的方向。其中，艉升降舵控制潜艇左右转向，艏升降舵控制潜艇上浮或下潜。

双鱼座

古代人通过夜空中的星座来识别方向和导航。在众多的星座中，有一个星座中的星团亮度不高，里面的星星以 V 形排列，古人把它们想象成两条鱼，因此将其称为双鱼座。

艏升降舵　　　艉升降舵

鱼类的生存技能

为了生存，鱼必须进攻，并且避免被吃掉。大多数鱼都有颌骨，而且还有便于进食的牙齿。有些牙齿分布在颌骨边缘，称为颌齿；有些牙齿长在嘴巴后面的咽喉骨上，称为咽齿。鱼在咀嚼食物时，用咽齿咬碎并碾压食物。为了防止被吃掉，鱼已经掌握了一系列令人惊叹的技能。有些鱼的速度非常快，能迅速逃离捕食者的攻击；有些鱼的身上长了毒刺和毒肉，或者亮眼的颜色和图案，这些手段一般会使捕食者远离自己。

鱼在食物链中的位置

不同生物之间存在吃与被吃的关系，因此构成了食物链。陆地动物进入水域之后，就加入水生动物的食物链；鱼被陆地动物抓住之后，就进入陆地动物的食物链。在莎士比亚的作品《哈姆雷特》中，展现了一个完整的食物链：虫子咬了国王，有人用虫子去钓鱼，钓到的鱼又被人吃了。这个过程是国王（人）＜虫子＜鱼＜人，你能用思维导图画出这个关系过程吗？

以水为箭

射水鱼生活在热带地区，擅长从口中射出水柱，袭击水面的猎物。这种水柱就像离弦的箭一样，速度很快，能击中昆虫等猎物。猎物跌进水中后，射水鱼便迅速上前，一口咬住。

刮刀和锉刀

鹦嘴鱼的嘴巴是坚硬的角质结构，形状像鸟喙。它们嘴中的牙齿仿佛是熔接在一起的，就像刮刀和锉刀一样，非常适合从岩石中搜刮珊瑚等食物。

隐身伏击

下图是一条梭鱼，也叫狗鱼，它的嘴巴很大，里面全是尖利的牙齿。梭鱼潜伏在杂草中，等待其他毫无防备的动物游过来时，就张开大嘴吞下猎物，饱餐一顿。

用鼻子捕食

钳鱼的鼻子长而细，末端长着一张小嘴巴。这样的结构方便钳鱼将鼻子插进珊瑚礁的缝隙处，或者直接刺入石质的杯状珊瑚中，从而抓住里面的小珊瑚虫作为食物。

嘴巴和食物

鱼的嘴巴，也就是它们的口器，呈现各种各样的形态。因为大多数鱼类只吃单一的食物，为了迎合各自的饮食习惯，它们的嘴巴进化成了不同的形态。一些嘴巴又小又软的鱼，只吃特别柔软的小东西，比如泥土中的蠕虫。有些鱼的嘴巴比较大，牙齿也很尖利，它们能从体形较大的猎物身上撕下大块的肉。有些鱼以其他小鱼为食，因此口中通常排列着细针状的牙齿，而且牙齿上面有回钩，方便捕捉身体滑溜的猎物。有些鱼的嘴巴是坚硬的角质状，可以用来碾磨食物。

鱼的天敌

小鱼不仅被大鱼吃，同时也是其他许多动物的捕食对象。鱼的天敌可能来自水中、陆地或天空，来自空中的掠食者有海鸥、鹈鹕、兔唇蝙蝠和鱼鹰（下图），来自陆地的捕食者包括冰面上的熊。水獭和海豹虽然栖息在陆地，但沉到水中捕鱼的速度很快，让游弋在水中的鱼儿无处闪躲。

以毒防身

石鱼的脊椎上含有致命的毒液，当它抬升脊椎刺入敌人体内时，便可以打败敌人。

棘刺防御

密斑刺鲀在恐慌时会吸入海水，让身体鼓胀成圆球，表面竖起棘刺，从而起到御敌作用。

海鳝与奴隶

在古罗马，有钱人喜欢豢养各种奇怪的野兽作为宠物。有人在家中用大水箱养海鳝。海鳝十分强壮，体长2米多，嘴中长满尖利的牙齿。水箱中的海水需要定期更换，每次更换时，必须出动数十个仆人奔波十几公里搬运海水。极品海鳝非常珍贵，有钱人有时把它作为礼物送给地位尊贵的人。还有些人将不听话的奴隶扔给海鳝当食物，以此来警告其他奴隶。

来自大海的食物

对于许多人，尤其是缺乏农业用地的岛国居民来说，鱼是重要的食物来源。鱼类食物富含蛋白质，是重要的营养来源。寿司是日本的传统美食，有些寿司直接用生鱼片制成。日本当地有道美食叫刺身三文鱼，其食材来自河豚的肝脏和其他部位。河豚是一种有毒的动物，生吃河豚肉会中毒；烹饪河豚时方法不当，毒素可能残留在食物中，也会引起中毒。

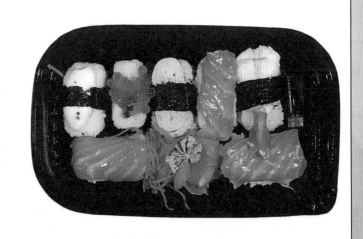

在水下"听闻"

人类的感官是适应空气环境而存在的，因此人类无法在水下待很长时间。我们在水下游泳时，周围的声音会变得模糊，甚至显得有些异样。遇到急乱的水流，人体只能随着水流前仰后翻。鱼类的感官与人类不同，它们能从水中收集各种各样的信息。鱼的身体两侧各有一条长长的侧线，能感知水中的旋涡和水流的方向。如果附近的物体因运动而改变了水流的方向，或者水下的动物正在移动，鱼都能感知到。

视觉

在风平浪静的湖面或海面，水质清澈而透明。斜纹炮弹鱼等热带鱼用眼睛观察周围的情况，它们的眼睛构造和人类的很像。在水下 500 米的地方，光线几乎消失不见了，水中变得黑漆漆的。生活在这样的环境中的鱼，眼睛很小，或者根本没有眼睛。在中层海水中，灯笼鱼（下图）等鱼类的眼睛非常大，这样使得它们可以在昏暗的环境中收集足够的光线。

没有眼睛的鱼

有些鱼生活在洞穴里，周围是无尽的黑暗，眼睛对于它们而言没有什么用处。经过数百万年的进化之后，这些鱼的眼睛变得很小，或者完全消失了。欧扎克穴鱼是生活在北美洲沼泽和溪水中的鱼类，它的眼睛很小，几乎不起作用，而头部、身体和尾部都有触觉器官，能感知看不见的东西。

四眼鱼

光线进入水中会产生折射，且传播速度变慢。与人眼相比，鱼眼的晶状体具有更强的透光性。大部分鱼在水上只能看到模糊的图像，四眼鱼却能同时看清水上和水下的情况。四眼鱼其实只有两只眼睛，但眼部的构造非常奇特，每只眼睛的中部被隔开，瞳孔和晶状体也被分为两部分，看起来就像有四只眼睛。四眼鱼的眼睛上半部分像人眼，可以看清水上的环境；而下半部分是典型的鱼眼，可以看清水中的物体。

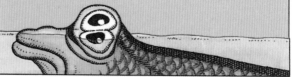

松鲷

侧线

触觉

　　鱼的皮肤有触觉。鱼的身体两侧各有一条细线，这是鱼的感觉器官，叫侧线。鱼可以用侧线感知水中的涟漪和水流，根据水流的变化，鱼能探知周围的捕食者和猎物。为了保证安全，鱼行动和觅食时一般成群出动。它们聚集在一起，用侧线感知彼此的速度和方向，并调整成相同的方式结伴游动。

疯狂掠食

　　食人鱼的牙齿像三角刮刀一样锋利。水中有动物受伤流血时，食人鱼能嗅到血腥味，并拼命撕咬猎物，进入疯狂掠食的状态。伊恩·弗莱明曾在小说《詹姆斯·邦德》中写到，反派分子会用食人鱼处置敌人。

　　鲶鱼的口中、嘴巴附近、触须上和身体的大部分地方都有微小的化学传感器，可以感知气味和味道。

感应电力

　　有些鱼的身体可以发电，并感应出电力。象鼻鱼用身上特殊的肌肉发出弱电脉冲，这些脉冲信号在水中传播，然后被其头部的电传感器检测到。虽然途中任何物体都有可能扭曲电场，但象鼻鱼可以根据感觉辨别正确的方向，从而找到自己的食物。电鳗和电鳐（下图）的身体中有专门的肌肉块，可以产生一阵阵强大的电流，该电压有时高达 500 伏特，足以电晕捕食者和猎物。

嗅觉和味觉

　　对于人类等生活在陆地上的动物来说，嗅觉和味觉是独立的。陆地上的气味弥散在空气中，用嗅觉就能感知到。而在水中，气味和味道融合在一起，以化学物质的形式漂浮着，两者的区分并不明显，因此水生动物的嗅觉和味觉多结合在一起，统称为化学感应。大多数鱼类都有鼻孔，鼻孔通向嗅觉腔，可以察觉远处的气味，而嘴巴内外的味蕾可以感知周围的味道。

多样的育雏方式

动物通过求偶寻找合适的伴侣，通过交配繁殖出后代。与鸟类和哺乳动物不同，鱼类求偶的场面通常没有那么壮观。大多数鱼类求偶和交配的过程仅仅是一阵短暂的相聚，然后就面临着分别。当然，有些生活在池塘或者珊瑚礁附近的鱼会以周围的环境为依托，借助明亮的空间，展示出绚丽的视觉效果来求偶。

交配和育儿

在大多数鱼类中，雌性排出卵子，雄性排出乳白色的精子，精子和卵子结合后，漂浮在水中自然发育。当然，也有一些鱼的求偶过程非常复杂，有些鱼还会精心照顾它们的孩子。下图那条色彩鲜艳的鱼，正是处在繁殖期的雄性棘鱼，它极力地吸引雌性棘鱼进入自己的巢穴。小棘鱼在巢穴中出生和成长，雄性棘鱼会悉心地照料它们。雄性海马也是优秀的父亲，它们把小海马放进肚子的"口袋"中，负责保护和喂养小海马。

雄性生育

海马是一种外形奇特的鱼，与棘鱼是近亲。在自然界中，大多数动物都由雌性来生养子女，但海马是由雄性来完成这项任务的。雌性海马产卵以后，雄性海马把卵子收集起来，放到胸前的孵卵囊中。受精卵在雄性海马的保护下健康发育，几周以后，雄性海马打开孵卵囊的小口，小海马就被"分娩"出来了。

求偶舞

对大多数动物来说，春天是求偶和交配的季节，棘鱼也不例外。这时，雄性棘鱼的身体下侧变成鲜红色，眼睛变成亮蓝色。它们先用杂草在水底筑起巢穴。靠近雌性棘鱼后，雄性棘鱼绕着它跳之字形的求偶舞，并以身体上的鲜亮颜色吸引雌性棘鱼，鼓励它前往自己的巢穴。雌性棘鱼排出卵子，雄性棘鱼排出精子，两者结合形成受精卵后，进一步发育成小棘鱼。

珍贵的卵

鲟鱼是一种大型鱼类，体长可以达到3米或4米，其背部的鳞片很大，鼻子尖尖的。人们取出雌性鲟鱼身上尚未排出的卵子，并用盐腌制，便可以做成美味的鱼子酱。很久以前，鲟鱼是一种常见的鱼类，甚至连穷人都能吃到鱼子酱，但由于长时间的过度捕捞，鲟鱼的数量急剧减少，鱼子酱的价格也水涨船高。

培育观赏鱼

　　几个世纪以来，人们挑选出不同品种的鱼进行杂交，从而培育出新的观赏鱼，并将其放在室内作为装饰物。一般来说，观赏鱼的体形比较美观，颜色也更加绚丽多彩。有人希望培育出新的品种，比如让鱼长出带褶皱的鱼鳍或者凸起的眼睛。在中国和日本，锦鲤和其他鲤鱼的培育已经有 4000 多年的历史了。金鱼是由人工培育和改良的品种，大约出现于 1600 年前。

安全的地方

　　有些鱼将卵产在较为隐秘的地方，比如岩石下面或者杂草中间，使其不容易被发现或者被吃掉。慈鲷鱼是一种淡水鱼，分布在温暖的气候环境中。雌性慈鲷鱼将卵含在嘴里，这种生育方式被称为口腔孕雏。小慈鲷鱼出生后，像云团一样围绕在雌性慈鲷鱼的头部，一旦遇到危险，便迅速游回母亲的嘴巴中。鲨鱼和虹鱼等鱼类产下的卵带有坚硬的垫形鞘（下图），看起来像皮革，可以保护幼崽在里面生长。

鲑鱼的生命周期

　　鲑鱼在内陆小溪的浅水中产卵，孵出的幼鱼在淡水河里生活数年后迁回大海，并成长为成年的鲑鱼。为了繁衍后代，成年鲑鱼逆流而上，离开大海，游回内陆的河流之中。调查表明，每条成年鲑鱼都会游到它们出生的溪流中，寻找合适的配偶。它们很可能是通过某种化学物质来确定方向，并找到之前的河流。

寄生鱼

　　在广阔的大海深处，很多鱼实际上很难找到伴侣。安康鱼是一种生活在深海中的鱼类，又名琵琶鱼。雄性安康鱼遇到雌性安康鱼后，便会咬破它的腹部，并钻到里面，逐渐与之融为一体。雌性安康鱼的身上只要有一条雄鱼，就可以随时让卵子受精，但一条雌鱼身上往往附着好几条雄鱼。这些雄鱼几乎是寄生在雌鱼身上，不管雌鱼游到哪里，都会带着它们，而且给它们提供生存所必需的营养和食物等。

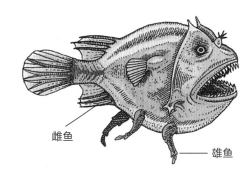

雌鱼

雄鱼

鱼中之王

鲨鱼是最早出现在地球上的鱼类。在3亿多年的时光里，它们游弋在海洋中，外形几乎没有发生什么变化。与大多数鱼类不同，鲨鱼的骨架并非由骨骼构成，而是由柔韧的软骨构成。虹鱼和鳐鱼的骨架构成与鲨鱼相似，这些鱼都是软骨鱼。银鲛也是软骨鱼，生活在深海中，头大、眼睛小、尾巴细，因此又被称为鼠鱼。根据科学统计，地球上大约有725种软骨鱼。

锤头鲨

锤头鲨又名双髻鲨，头部宽而扁，呈锤形或铲形。锤头鲨的头部两侧各有一个突出的部位，上面有眼睛和鼻孔，这种结构可以帮助它们感知水中猎物的位置。

鱼类中的杀手

在所有鱼类中，鲨鱼是最厉害的捕食者。鲭鲨和虎鲨的身体呈流线型，能快速在水中游动，擅长抓捕猎物。须鲨和地毯鲨（下图）不太活跃，擅长伪装，平时静静地躺在海床上，让其他动物误以为它们是被杂草覆盖的岩石，但当毫无防备的猎物游近时，它们便猛扑上去，然后迅速得手。

深海勇士

饥饿的鲨鱼会攻击周围的任何东西，包括附近的船只！大白鲨和锤头鲨等鲨鱼速度快、力量强，有时甚至会袭击人类，因此令人望而生畏。彼得·本奇利的长篇小说《大白鲨》讲述了大白鲨疯狂攻击海边度假者的故事。该小说后来被改编成电影，电影中使用了真正的鲨鱼和一些可以活动关节的鲨鱼模型。

大白鲨

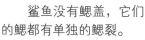

敏感的狩猎者

鲨鱼身上布满了定位猎物的感官，不管猎物是活的还是死的，它们都能迅速察觉到。即使相隔数千米，鲨鱼也能感知到散布在水中的血液和体液的味道。鲨鱼靠近猎物时，身上的侧线能感知因猎物游动而引起的水流变化。它们的头部有电传感器，能感知猎物肌肉活动形成的微小电流。到达攻击范围后，鲨鱼先用眼睛观察周围的情况，然后在合适的时机发起最后的猛烈攻击。

鲨鱼没有鳃盖，它们的鳃都有单独的鳃裂。

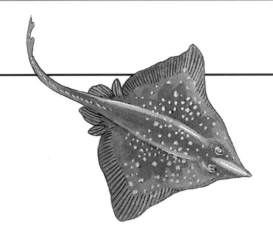

孔鳐

孔鳐是一种大型鳐鱼，身体宽度可以达到 2 米。它们是海洋中凶猛的掠食者，有时甚至残杀同类。

鳐鱼和虹鱼

鳐鱼和虹鱼都是软骨鱼，身体两侧又宽又扁，看起来就像翅膀一样，在水中游动时会上下摇摆。它们大多数时间生活在海底，以动物的尸体或者濒死的动物为食，有时也以沙子和泥土中的贝类、蠕虫和其他动物为食。它们休息时躺在海床上，身上覆盖着沙子和杂草。

更多的鲨鱼

最近这些年，科学家仍在不断地发现新的深海鲨鱼，其中之一便是巨口鲨。巨口鲨体形庞大，身长 4 米多，体重达 1 吨，行迹罕见，很可能被发现的时候就已经是濒危物种了。1976 年，美国的一艘海洋研究船首次发现了巨口鲨的踪迹。这种鲨鱼在热带海洋深处缓慢游动，张开大嘴吞食微小的植物和动物。象鲨等体形更大的鲨鱼也用这种方式进食，它们用嘴巴和鲸须过滤海水中的浮游生物，因此被称为滤食，用这种方式进食的动物也被称为滤食动物。

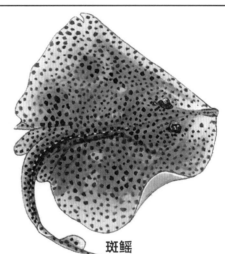

斑鳐

斑鳐是一种鳐鱼，体长可达 1 米，身上遍布黑色斑点，可以巧妙地融入沙石遍布的海底环境中，不容易被捕食者和猎物辨认出来。

鲨鱼在撕咬猎物时，眼睑自动上翻，可保护眼睛。

鲨鱼的牙齿外露，随时准备撕咬猎物。

颚软骨

颚部的成熟牙齿

鲨鱼的牙齿

鲨鱼的牙齿更新速度非常快，它的颌骨中分布有数排牙齿。当最前排的牙齿脱落后，后排的牙齿便向前移动，填补空缺的牙位，以便正常用牙。鲨鱼的牙齿很尖，呈锯齿状，像刺刀一样锋利，但这些牙齿固定在表皮中，而不与颌骨连接，所以用力撕咬猎物时容易脱落。鲨鱼的牙齿生长速度非常快，旧的牙齿脱落后，新生的牙齿会迅速填补到脱落位置。让人难以相信的是，有些鲨鱼的嘴巴里竟然有 3000 颗以上的牙齿。

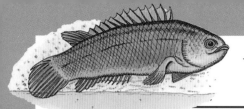

离开水的鱼

　　大多数鱼无法离开水生存，就像人无法离开空气一样。鱼被人从海里或河里钓起后，没过多久就会窒息而亡。少数几种鱼离开水后，可以在陆地上存活较长时间。有些鱼生活在热带浅水区，水中的溶解氧非常少，鱼鳃只能获取有限的氧气。有些鱼生活在沼泽地带，旱季时潜入泥泞的地下，进入深度睡眠状态，等到雨季到来时，再努力穿过枝叶丛生的陆地，寻找新的水源栖息地。

反向水肺

　　水肺是一种水下呼吸装置，里面容纳了大量压缩空气。潜水员携带水肺潜入水中，通过特殊的减压阀呼吸空气，所以可以在水下停留较长时间。弹涂鱼的呼吸方式与之相反。弹涂鱼跳到空中时，鳃腔里装满了水，它可以从这些水中获取溶解氧。

在陆地上移动

　　鳗鱼的生命力极其顽强。有些地方水污染十分严重，大多数鱼类都无法生存，鳗鱼却能平安无事。鳗鱼是一种杂食性动物，几乎什么都吃。它们身体滑溜，不容易被抓住；就算偶尔被抓住了，也会拼命挣扎。如果河流或湖泊的水质遭到严重污染，或者水源枯竭了，鳗鱼就在陆地上蜿蜒前行，直到找到合适的水源。鳗鱼一般贴近潮湿的草叶前行，身体扭成弯曲的 S 形。它们的体表覆盖有黏液，能使身体保持湿润和光滑，所以不会脱水，而且方便滑过茂密的植被和岩石。繁殖季节到来时，成年鳗鱼可能也会在地面穿行，它们洄游到大海中，寻找配偶进行繁殖。

奇妙的弹涂鱼

　　弹涂鱼生活在热带地区的沿海或河口处，藏身在泥泞的红树林沼泽中。弹涂鱼不仅可以游动，还可以爬行，或者借助强有力的臂状胸鳍在陆地上行走。弹涂鱼的鳃腔较大，里面可以装入大量水，因此可以存储较多溶解氧。它们定期跳入水中，更换鳃腔里的水，以获取新鲜的氧气供应。弹涂鱼既可以在海水中生活，也可以在淡水中生活。

有毒的七鳃鳗

七鳃鳗是一种古老的动物，长得很像鳗鱼，但严格来说它并不是鱼类。七鳃鳗的嘴呈圆筒形，没有上下颌，嘴里长有锋利的牙齿。七鳃鳗生活在水中，是一种寄生动物，它用吸盘状的嘴巴吸食大鱼身上的血。很久以前，七鳃鳗在英国十分常见，而且是受人欢迎的餐桌美食。但是，七鳃鳗身上的黏液有毒，烹饪之前必须刮洗干净。据说，英格兰国王亨利一世就是因为吃了太多七鳃鳗，最终于公元 1135 年中毒身亡。

在泥洞里睡着了

肺鱼是一种古老的淡水鱼，与腔棘鱼十分相似，主要分布在南美洲亚马孙河流域、非洲中南部和澳大利亚东北部的淡水环境中。如果水源枯竭了，非洲肺鱼（上图）就会缩进泥土中，在身体周围拱出一个泥浆状的洞。泥洞的外层变得越来越干，越来越坚硬，就像蚕茧一样。非洲肺鱼藏在这样的泥洞里，可以存活 2~3 年。

血管 —

— 气室

肺鱼的肺部连接食道，呼入的空气直接进入肺部。肺腔黏膜上遍布血管，可以吸收呼入的氧气。

鱼的岩画

澳大利亚原住民擅长创作岩画，有些岩画的历史已经超过了 3 万年。他们的岩画创作多以动物为主题，其中一些岩画接近 X 光风格，展示了动物内部的骨骼结构和器官分布。岩画里出现了各种各样的鱼，包括澳洲肺鱼。仔细观察这些岩画，我们甚至还能看见鱼的头骨、脊椎和肋骨等。

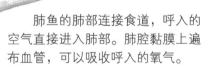

下雨还是下鱼？

有时，暴雨如注，从空中落下来的不仅有雨水，可能还有各种各样的鱼，包括鳟鱼和刺鱼等。这种现象已经发生过好多次了。龙卷风等旋风具有很强的吸力，经过水域时可能将鱼等小动物席卷到半空中。有时，鱼被卷到云层中，最终和雨水一起降落到地面。

125

生命力顽强的淡水鱼

据统计，淡水环境大约只占全球水体环境的 3%。淡水环境的形式多种多样，包括小池塘、深水湖、河流、运河、沟渠、瀑布和地下暗流。淡水鱼适应了各种各样的环境。有些淡水鱼需要特定的生存条件，比如特殊的饮食，或者水中的氧气含量必须达到一定的标准。其他淡水鱼，比如棘鱼和泥鳅等，生命力十分顽强，几乎可以在任何环境条件下生存。

巨骨舌鱼

苦力泥鳅

青鳞鱼

小口鲈鱼

刀鱼

水下的眼睛

微风起伏，水面波纹荡漾，泛起阵阵涟漪，让人难以看清水下的鱼。你可以拿出塑料瓶，尝试制作一个打开水下世界的"窗口"。在家长的帮助下，切掉塑料瓶的顶部和底部，然后用透明的塑料板盖住瓶子的一端，并用胶带将塑料板粘好，使其不容易脱落，也不会漏水。最后，把塑料瓶封好的那端伸进水中，使其保持静止不动，这样你就可以清楚地观察到水下的世界了！

淡水中的巨兽

巨骨舌鱼是体形最大的淡水鱼之一，生活在南美洲亚马孙河水流缓慢的地带。巨骨舌鱼是古老的淡水鱼，体长最大可达 3 米。

生存条件

对我们来说，池塘和池塘之间的差别并不大。但对生活在其中的鱼类来说，任何微小的差别都可能决定它们的生存。其中一个重要的差别就是水温。水的温度越高，所含的氧气就越少。幸运的是，巨骨舌鱼等热带淡水鱼可以直接从空气中获取氧气。与静止的水相比，流动的水含氧量更高。鳟鱼和洄鱼等鱼类出没在湍急的河流中，有时藏在岩石下面，以躲过水流的冲击，避免被水冲走。鱼类生活在各种各样的环境中，每种鱼都适应了自己的生存条件。

迁徙之旅

鲑鱼、鳟鱼、鳗鱼和部分淡水鱼会在栖息地和繁殖地之间来回长时间迁徙。它们有的在海洋中生活，却在淡水中产卵；有的正好相反。如果在迁徙途中遇到江河上的大坝，其就可能成为不可逾越的障碍，鱼类的繁殖路径就会遭到破坏。有时，人们在堤坝的一侧建造阶梯水槽，即鱼阶。鱼群从阶梯状的水槽里依次跳上或跳下，最终跨过高高的大坝。有些大坝周围建造了隧道，人们用渔网拦截鱼群，然后把鱼群集中运到安全的繁殖点。

霓虹灯鱼　　蓝鳃太阳鱼　　鳟鱼

蓝镖鲈

鱼种引入

有时候，人们从自然栖息地选取一些鱼的品种，移植到新的环境中进行培育。比如，食蚊鱼（1）被误认为喜欢食用蚊子的幼虫，所以从美国被引进到世界各地以控制疟疾。虹鳟（2）原产于北美洲，后被引进到欧洲，本来打算用于垂钓和食用，然而却在当地引发了物种入侵。尼罗河鲈鱼（3）是人们餐桌上重要的食物来源，被引入非洲的河流和湖泊后，因为其贪婪猎食其他小型鱼类，最后导致严重的自然生态失衡。

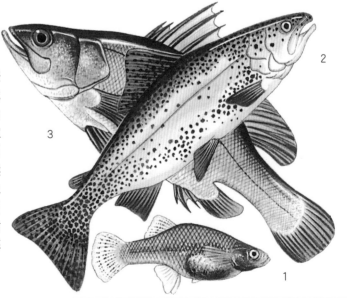

缤纷多彩的咸水鱼

滨海的浅水区环境多种多样，包括滩涂、沙洲和基岩海岸等，为各种鱼类提供了天然的栖息地。在热带地区，珊瑚礁附近日照充足，营养充沛，适合海藻和其他植物生长。蠕虫、海星、螃蟹和贝类以这些植物为食，在珊瑚礁周围茁壮成长，并成为鱼类的食物。珊瑚礁周围有无数缤纷的鱼类出没，种类之繁，数量之多，令人眼花缭乱。与之相比，宽阔的海岸倒显得空荡荡的了。

藏身之所

鳚鱼和虾虎鱼生活在退潮之后形成的浅滩中，它们藏在海岸岩石下面，既方便躲避掠食者，也可以伏击猎物。喉盘鱼的腹鳍演化成吸盘，可以将身体吸附在海藻或岩石上。

喉盘鱼

吸盘圆鳍鱼

虾虎鱼

银汉鱼

暗岩鳚

鳚鱼

偏僻的荒岛

很多人都想来一场说走就走的旅行，有的人甚至想独自前往偏僻的荒岛，开启奇妙的探险之旅。1719 年，英国作家丹尼尔·笛福创作了《鲁滨孙漂流记》，这部小说以水手亚历山大·塞尔柯克的真实历险为原型，讲述流落到荒岛上的水手如何生存的故事。小说里的水手叫鲁滨孙·克鲁索，他因海难而滞留在荒岛上，岛上既没有淡水和食物，也没有遮风挡雨的地方。他在荒岛中徘徊，饱受害虫、海盗和岛民的骚扰，他应该怎样改善自己的状况呢？

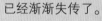

传统的捕鱼方法

在世界各地的沿海地区，人们都形成了自己独特的捕鱼方法，使用不同的工具展开渔猎活动。北美洲北部地区的因纽特人使用渔网、梭镖、鱼叉和鱼钩等，这些渔具大多是用海象牙或鲸鱼骨等天然材料制作而成的。如今，这些传统的捕鱼方法已经渐渐失传了。

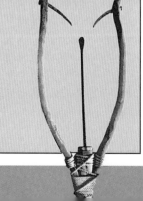

危险的潮水

潮水时涨时落，对生活在海岸附近的鱼类来说十分危险。潮水退去后，有些鱼可能被困在水洼中。暗岩鳚又被称为黄油鱼，因鱼皮结实、滑溜、黏腻而得名。它们在移动的卵石之间蜿蜒前行，从一个水洼滑到另一个水洼，且中途不会因脱水而窒息。鳚鱼和虾虎鱼生活在海岸附近，能承受水中温度和盐度的变化，甚至能承受翻滚的涌浪和岩石。

共生关系

有些鱼类和其他动物生活在一起，彼此之间形成互利关系，这样的关系就是共生关系。小丑鱼又叫海葵鱼，它与海葵之间存在共生关系。一方面，小丑鱼生活在海葵里面，让捕食者无法靠近自己。同时，小丑鱼体表有特殊的黏液，不会被海葵的触手刺痛。另一方面，海葵又以小丑鱼掉落的食物为食。而且，小丑鱼进出过程中可能吸引其他鱼类，这些鱼类可能成为海葵的食物。

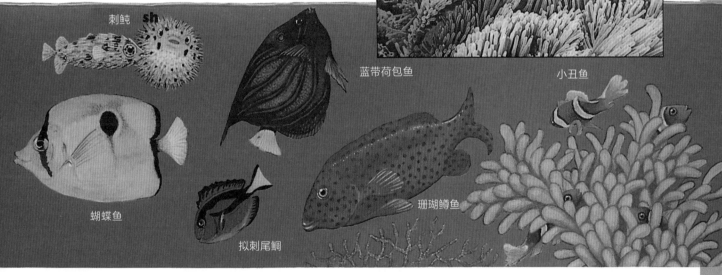

刺鲀 sh

蓝带荷包鱼

小丑鱼

蝴蝶鱼

拟刺尾鲷

珊瑚鳟鱼

温暖的浅水区

珊瑚礁是鱼类和其他海洋生物的天然栖息地，但珊瑚礁的形成条件非常苛刻，目前仅分布在世界少数地区。珊瑚礁的形成对水质要求较高，水中不能含太多杂质，水温须保持在 22~26℃，海水的含盐度也应保持在 2.5%~4%。形成珊瑚礁的必要条件是珊瑚虫。珊瑚虫是一种很小的动物，看起来就像微型的水母。数百万只珊瑚虫大量繁殖，在身体周围形成十分坚硬的石灰质骨壳。珊瑚虫死亡后，新生的珊瑚虫在残骸上继续生长。历经数百万年的时光，珊瑚虫的残骸越积越多，越积越大，最终形成了珊瑚礁。珊瑚礁不仅是海洋动物的栖息地，还为这些动物提供了食物来源。

远离喧嚣的远海鱼

地球表面超过 2/3 的区域被海洋覆盖，鱼类是海洋中数量最多的动物。与陆地动物的生活环境不同，海洋动物生活的世界是三维的、立体的。陆地动物可能生活在地面、地上或者地下，但海洋动物的世界是无限延展的。在远离海岸的地方，海水向四周绵延数千米，海面和海下数千米的地方又是完全不同的世界。海洋广阔无垠，动物们无处藏身，那些速度极快的游泳健将注定成为这里的霸主，比如枪鱼、剑鱼、金枪鱼和鲨鱼等。

尖鼻子

剑鱼的吻部异常尖利，也许是用来刺杀较小的鱼类的。

青枪鱼

剑鱼

鲱鱼

鲱鱼集群

鲱鱼是海洋中数量最多的鱼类之一。面临危险时，鲱鱼通常聚集在一起。在拥挤的海滩中，每立方米的海水中可能游荡着 20 条鲱鱼。很久以前，大量鲱鱼徘徊在浅滩附近，沿着海岸绵延数千米，从水上一直延伸到水下 30 米的地方。你知道这样的浅滩附近大概有多少条鲱鱼吗？

答案：大概有 6 亿 12 条鲱鱼。

美人鱼的传说

很久以前，水手一出海就要在海上待好几个月。船上食物匮乏，水手们饱一顿饿一顿，生活十分单调。海洋茫茫无际，长期置身其中难免产生幻觉。在扬帆远航的日子里，水手有时会看到传说中的美人鱼。美人鱼的上半身和女人一样，下半身却长着鱼的尾巴。实际上，美人鱼只是水手们的错觉，他们看到的很可能是儒艮。儒艮很像海牛，是一种圆脸的海洋哺乳动物。

无形的生物链

对我们来说，海洋中的水似乎没有什么差别，但不同水域的水确实是不一样的。海洋中的水是流动的，有的地方温度低，被称为寒流；有的地方温度高，被称为暖流。寒流从下往上涌，携带海洋深处的矿物和其他营养物质。暖流和寒流交汇，既是海水的运动过程，也是营养物质的交换过程。表层海水温度较高，这里阳光充沛，适合浮游生物和各种小型动物生长和繁殖。小鱼小虾以漂浮的植物为食，鲱鱼和鲭鱼以小鱼小虾为食。鲱鱼和鲭鱼等数量庞大的鱼类会被海豚等大型哺乳动物猎食。

与青枪鱼搏斗的人

1951 年，美国作家海明威创作了短篇小说《老人与海》，讲述了古巴一名老年渔夫如何捕捉一条青枪鱼的故事。这名渔夫与青枪鱼在离岸很远的湾流处搏斗了好几天，最后终于打败了它。渔夫拖着青枪鱼返航，鲨鱼却在途中把青枪鱼撕成了碎片。这篇小说传达了永不言弃的奋斗观，即使最后结果是失败的，一个人只要付出了努力，仍然可以成为顶天立地的人。

飞鱼

鲯鳅

黄鳍金枪鱼

会"飞"的鱼类

飞鱼不是真的会飞。它们可以在水中加速，然后跃出水面 2 米多高，并在半空滑行 100 米的距离。飞鱼的胸鳍或腹鳍很大，看起来就像鸟的翅膀。遇到青枪鱼和金枪鱼等速度很快的鱼类捕食者时，飞鱼就会跃出水面，滑行数百米后逃之夭夭。

垂钓

对于生活在岛屿中的居民来说，鱼是非常重要的食物来源。他们不仅使用各种渔具，有时还要驾驶各种渔船。太平洋地区的岛民通常乘坐用挖空的树干制成的独木舟出海捕鱼。渔民乘着独木舟满载而归，如果途中遭遇风浪，舷外托架就能起到稳定作用。

看不见光的深海鱼

　　海底地形多种多样，就像陆地表面一样复杂。海底也有沙漠、悬崖、森林、草原、乱石堆和深深的峡谷。有些鱼类在海底活动和休息，也在这里觅食和躲避天敌。在海面大约 500 米以下的地方，光线已经全部消失了。这里温度很低，压强很高，每平方厘米的海水都可以形成数吨级的压强。这里是地球上面积最大且最为神秘的动物栖息地，生活着许多特别的鱼类。

深海鱼

　　海面 4000 米以下的地方是海洋的深渊层。这里漆黑一片，鱼的身体颜色也没有什么用处。生活在这个区域的鱼类，通常长着巨大的嘴巴，牙齿向后倾斜，而且胃部较小。这里食物匮乏，它们通常要游到很远的地方才能找到食物。

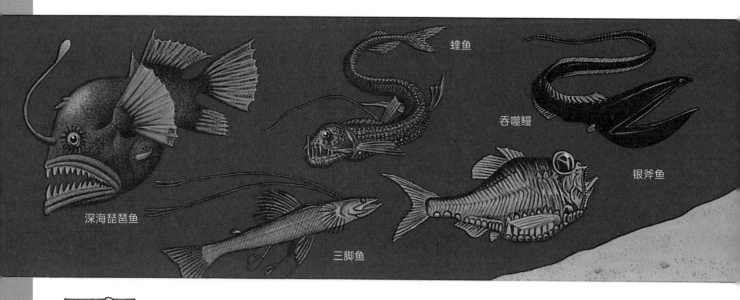

蛏鱼

吞噬鳗

银斧鱼

深海琵琶鱼

三脚鱼

会发光的鱼

　　在水深 100~500 米的海洋中层，生活着大约 1000 种会发光的鱼。这些鱼的体内含有荧光素酶，体表的荧光素和氧气发生迅速的化学反应，使它们看起来就像在发光一样。有些鱼的荧光还可能来自体表自然生长的微生物细菌。会发光的鱼包括闪光鱼、安康鱼、灯笼鱼和海蛾鱼等。这些鱼发光的目的是吸引配偶、寻找猎物或者迷惑敌人。

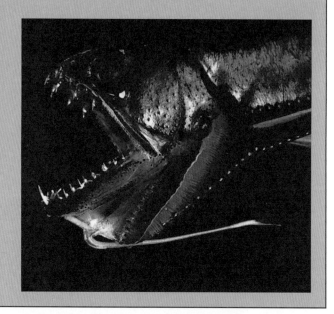

扁平的鱼

许多生活在海底的鱼，身体扁平，能轻易与周围的砾石和杂草融为一体。它们在海底休息时，将部分身体隐藏在沙子或砾石下面，不容易被猎物和天敌发现。魟鱼是生活在海底的鱼，全身都是扁平的，休息时平铺在海床上。魟鱼又称魔鬼鱼，是鲨鱼的近亲。比目鱼也是生活在海底的鱼类。大比目鱼的体形非常大，体长能达 2 米多。这是一种食肉的深海鱼类，猎食螃蟹、贝类和其他鱼类。多宝鱼也是一种深海鱼类，身体的颜色能随周围环境而改变。

鳗鱼的旅行

成年鳗鱼离开欧洲的湖泊和河流，横跨大西洋，游向温暖的马尾藻海，并在那里繁衍后代。4 年以后，幼鱼快要长大了，它们沿着父母游过来的路线，反方向游回欧洲的湖泊和河流中。迁徙的路程十分漫长，它们逐渐变成透明的小鳗鱼，最后成长为成年鳗鱼。

第1年
第2年
第3年
第4年

海鳗　比目鱼
刺魟　多宝鱼

比目鱼的眼睛

一条刚孵化出的比目鱼，通常只有 3 毫米长，身体结构和其他鱼类没有区别。大约经过 2 周之后，比目鱼的身体长到 5 毫米长，一侧的眼睛开始慢慢移向头部另一侧。3 周之后，比目鱼的身体越来越薄，两只眼睛完全长到同一侧。这时的比目鱼开始侧向游动，它的眼睛朝上，看不见下方的情况。通常，鲽鱼、鳎鱼和偏口鱼的眼睛都长在头部的右侧，大菱鲆的眼睛长在头部的左侧。少数比目鱼的眼睛有时长在左侧，有时长在右侧。

卵　　10天　　2周　　3周

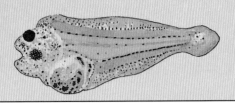

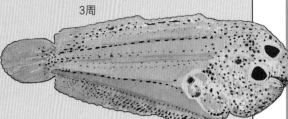

词 汇 表

鳔
一个充满气体的腔室，在某些鱼类中与肠道相连接，起到浮力辅助的作用，让鱼可以在水中上浮或下沉。

侧线
鱼类身体两侧的细长条状构造，颜色较浅，可以感知水流运动，帮助鱼类感知游动路线。

淡水鱼
指生活在河流、湖泊等淡水环境中的鱼类。

分娩
指胎儿脱离母体成为独立个体的过程。

浮游生物
漂浮在海水表面的微小动植物。

感官
用于感受外界事物的器官。

共生关系
动物之间相互依存、互惠互利的关系。

含氧量
氧气的含量。

颌骨
颌部的骨头。

化学传感器
生物通过化学信息获得感知的器官。对人类来说，嗅觉和味觉都是独立的感官。但对鱼类来说，它们是通过漂浮在水中的物质获得味道和气味的，所以这两者之间几乎没有区别。

豢养
喂养（牲畜），驯养。

涟漪
风吹动水面形成的波纹。

滤食
动物以过滤方式摄食水中浮游生物的方式。

鳍棘
指支撑鱼鳍薄膜的棘刺状硬骨，可以用于攻击和防卫。

潜艇
是指在水下运行的舰艇，又称潜水船。

鳃
鱼的呼吸器官，作用和陆地动物身上的肺一样。鳃可以帮助鱼吸收水中的氧气。

三角刮刀
一种工具，钳工用它来刮掉毛刺。

生殖器官
产生生殖细胞，用于繁殖后代的器官。

食物链
又称"营养链"，是指生态系统中动物以其他动物为食所形成的锁链关系。

星座
指天上的恒星所形成的组合，人们将其与神话传说中的人物等联系起来，并为其命名。

岩画
画在岩石、岩穴或崖壁上的画。远古时期的岩画出现在文字发明以前，是原始人最早的"文献"。

杂交
不同品种的动物进行交配。

折射
指光从一种媒介物进入另一种媒介物时会发生弯曲的现象。

第六章
哺乳动物在身边

　　我们熟悉的大多数动物，比如狗和羊等，都是哺乳动物。人类也是哺乳动物。哺乳动物的感官非常灵敏，它们都有照顾后代的本能。这些特征也是哺乳动物与其他动物的区别之处。

　　翻开这个章节，走进神奇的哺乳动物世界，认识巨大的蓝鲸和小小的侏儒鼩鲭等各种哺乳动物。你将了解哺乳动物如何适应栖息地，如何狩猎和躲藏天敌，如何求偶及相互交流。除此之外，这个章节还追溯了人类与其他哺乳动物的关系，这将加深你对自己及周围动物的认识。

什么是哺乳动物

哺乳动物是地球上分布最广的脊椎动物，从极寒之地到酷暑之地，从陆地到天空，从森林到海洋，到处都有它们的身影。据统计，地球上约有5400种哺乳动物。哺乳动物具有一些共同的特征：脑容量大，感官灵敏；拥有独立的听觉、嗅觉和视觉，可以进行交流；恒温动物，具有完备的血液循环系统，会照顾自己的幼崽。人类是进化程度最高的哺乳动物，拥有自主意识，可以改变周围的环境。

母亲的乳汁

哺乳动物能存续并发展起来的原因之一，就是它们会照顾自己的幼崽。在哺乳动物中，一般由雌性为幼崽提供生存所需的营养物质，直到幼崽长大后可以独立进食。这些营养物质是被称为奶水的液体分泌物，其营养价值高，食用后可以提升幼崽的抵抗力。奶水由雌性动物的皮下乳腺分泌，幼崽从母亲的乳头中吮吸奶水。

最早的哺乳动物

6500万年前，恐龙灭绝了，此后便开启了哺乳动物的时代。实际上，在大约2亿年前，地球上就开始出现哺乳动物。最初的类哺乳动物其实是爬行动物，它们在恐龙主宰地球时就出现了。最早的哺乳动物有大带齿兽和普尔加托里猴等，其体形较小，白天藏身在树林和丛林中，夜间出来捕食昆虫。

多瘤齿兽

普尔加托里猴

大带齿兽

恒温动物

哺乳动物是恒温动物，身体内部能够产生热量，还能利用脂肪和皮毛阻隔外界的高温和寒冷，因此无论在低温或高温环境中，哺乳动物都能保持自身体温的平衡和稳定。在高温环境下，哺乳动物的体表会产生汗液，汗液从皮肤表面分泌出来，暴露在空气中后蒸发，身体表面的温度随之冷却下来。

衣、食、住

有些科学家认为，非洲是人类的起源地。早期人类从温暖的非洲迁往寒冷的北方后，开始用其他哺乳动物的皮毛来御寒。在偏远的北方，既没有洞穴，也没有适合建造小屋的木材，原始人用猛犸象的骨头和象牙来搭筑庇身之所。也许正是因为这个原因，猛犸象在大约1万年前灭绝了，这也许是第一次人为造成的物种灭绝。

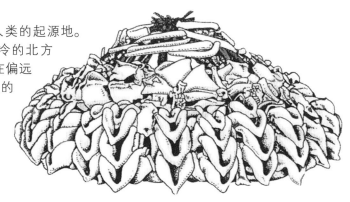

脊椎动物

哺乳动物是脊椎动物。脊椎动物体内有脊柱，对骨骼和器官提供支撑和保护，并确保身体能够自如运动。大猩猩的骨架（左图）与红毛猩猩（上图）的骨架类似。

伊索寓言

伊索是生活在公元前6世纪的古希腊人，喜欢讲故事。他的故事富含哲理，教会人们辨别是非，处理生活中的问题。在伊索的故事中，出现过很多性格鲜明的动物形象，其中有一则关于乌龟和兔子的故事。乌龟是一种行动缓慢的爬行动物，兔子是一种动作敏捷的哺乳动物。有一天，它们约定举行跑步比赛。一开始，兔子遥遥领先，认为自己赢定了，所以在中途打了个盹。没想到，乌龟一直稳步前进，不知不觉中竟然超过了兔子。兔子醒来后，看到对手率先越过了终点线，这时再懊悔也来不及了。这个故事告诉我们，坚持比速度更重要。

适应环境的哺乳动物

恐龙灭绝以后，哺乳动物拥有了更广阔的生存空间，它们迁移到世界各地，逐渐适应了复杂的环境。有些哺乳动物适应了某种特定的生存环境后，便迅速繁衍。海豚适应水中的生活后，便不再出现在陆地上。有些哺乳动物的适应能力很强，能在各种环境中生存。狼是一种杂食性动物，几乎什么都吃，它们可以利用身边的一切条件生存下来。

有辨识度的皮肤和毛发

哺乳动物身上的皮肤和毛发可以隔绝部分外界空气，从而维持体温稳定。大多数哺乳动物身上都有两种毛发：一种是厚实的细软茸毛，另一种是较粗的长毛。毛发上包含皮脂，皮脂是一种防水物质，还能起到保温作用。我们可以通过毛发的形状和颜色，辨别哺乳动物的类型。有些哺乳动物的毛发十分敏感，有些哺乳动物利用毛发来伪装，以逃脱天敌的追捕，所以动物必须悉心整理自己的毛发。有些哺乳动物的毛发十分漂亮，在求偶和巩固族群地位等方面有重要作用。

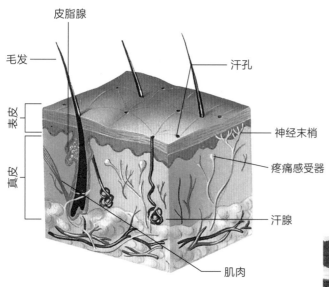

皮脂腺
毛发
表皮
真皮
汗孔
神经末梢
疼痛感受器
汗腺
肌肉

北极狐

皮肤的结构

皮肤是动物身体中面积最大的器官组织，能隔绝外界的大部分污染物和有毒物质。皮肤中分布有神经和触觉，对疼痛和冷热有反应，皮肤受伤后可以自行修复。除此之外，皮肤中还有肌肉、血管和皮脂腺。另外，皮肤是动物身体中重要的温度调节器官。而且，毛发是从皮肤的小孔中生长出来的。

针毛和鳞片

毛发由一种叫作角蛋白的物质构成，有些哺乳动物的毛发锋利而坚硬，被称为针毛，可以抵御捕食者的攻击。刺猬受到威胁时，会将身体卷成一个刺球；豪猪逃跑时，会将背部对着敌人。穿山甲的毛发进化之后发生了变化，成为鳞片；犰狳皮肤中的骨板连成一体，仿佛是覆盖在身体上的盔甲。这两种动物缩起身体时，全身都能得到有效的保护，从而减少外界攻击对自己的伤害。

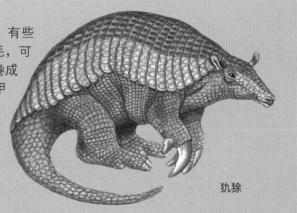

犰狳

凶悍的勇士

在巴布亚新几内亚，土著部落之间经常因为领土问题发生争执。他们搏斗前会举行仪式，有些人戴上由皮毛和羽毛制成的巨大头饰，并用针鼹身上的针毛在皮肤上刺出图纹，从而让自己看起来就像凶悍的勇士。

北极狐身上的毛发在冬天是白色的，与周围的白雪融为一体；到了夏天，身上的毛发就变成岩石般的棕色。这样的颜色变化完全适应了环境，让捕食者很难发现它们，也让它们能轻易接近北极兔等猎物。

皮毛与时尚

20 世纪，穿着用哺乳动物的美丽皮毛制成的衣物是一种时尚，因此狩猎和捕杀哺乳动物成为有利可图的大生意。在这种背景下，数以百万计的水貂、狐狸、海豹和貂等动物遭到捕杀，许多哺乳动物濒临灭绝或者已经灭绝了。到了今天，人们意识到为了时尚而屠杀动物是一种错误的行为，所以建立了反对皮草贸易的相关法律体系。

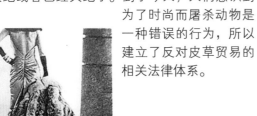

斑点和条纹

正如鲁德亚德·吉卜林在《原来如此的故事》中所说，树林中的光线因树叶的遮挡而显得斑驳，因此长颈鹿的斑点、斑马的条纹和金钱豹的豹斑成为这种环境下的绝佳伪装物。但是，斑马的条纹在树林外面有什么作用呢？科学家认为，这些条纹暴露在阳光下，可能会使其他动物产生光学错觉，让捕食者感到头晕目眩，从而无法准确捕捉斑马的具体位置和行动。一些科学研究表明，这些条纹是斑马在族群中的身份证明，可以帮助斑马识别同一族群的成员。

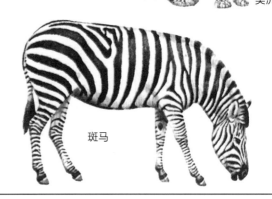

美洲虎

斑马

放下你的头发！

《格林童话》中有一则关于莴苣姑娘的故事。莴苣姑娘十分漂亮，她被邪恶的女巫囚禁在一座高塔之中。莴苣姑娘在高塔上面待了很长时间，她的头发越来越长。女巫让莴苣姑娘松开发辫，然后顺着长长的发辫爬到高塔中，给莴苣姑娘送吃的。后来，一位英俊的王子路过高塔，爱上了美丽的莴苣姑娘，于是爬上高塔救出了她。从此以后，王子和莴苣姑娘一起过上了幸福的生活。但这个故事科学吗？科学研究表明，人头发的强度高于钢，头发的最长纪录是 4.23 米，但这种长度的头发比较脆弱，容易断裂，因此并不能承载一个人的身体质量。

竞争"上岗"，哺育后代

为了确保找到最健康、最强壮的配偶，哺乳动物一般会精心准备求偶仪式。它们护卫自己的领地，驱逐入侵者，保证活动范围内的资源。哺乳动物的嗅觉、视觉和听觉比较发达，这些能力会在求偶仪式和领土争端中发挥重大作用。有些哺乳动物通过气味进行交流，有些哺乳动物通过嚎叫进行交流，还有些哺乳动物通过嬉戏和玩耍进行交流。野兔能在空中翻滚和跳跃。

求偶

求偶是指动物寻找配偶的过程。求偶双方必须是同一物种，且性别不同，身体成熟且健康。大多数雄性哺乳动物通过搏斗来证明自己的强壮，这些战斗一般只是一种形式，而不是生死之争。雄性牡马之间用牙齿和蹄子搏斗，身上的鬃毛能起到保护作用。雄鹿之间用鹿角打斗，脖子上的厚实脂肪能抵挡攻击。雄鹿打斗时多处在发情期，最终的获胜者即是最强的，可以与雌鹿进行交配。求偶行为能让交配期的动物保持良好的情绪，克服恐惧心理，减少攻击行为，允许彼此之间的亲密接触。狼会在求偶过程中运用气味、身体姿势和吼叫来吸引对方。

太多的旅鼠

北极大部分地区被积雪覆盖，但部分地方植被较为丰富。雌性旅鼠在里面搭建好多个窝，生下 10 只以上的小旅鼠。由于繁殖能力很强，旅鼠的数量激增。大约每过 4 年，当地的食物就可能被吃光。为了寻找食物和新的栖息地，旅鼠开始迁徙。旅途漫长而劳累，食物也不够，许多旅鼠因饥饿或疾病死亡。就这样，旅鼠的数量又渐渐恢复了正常。

一夫多妻还是一夫一妻？

大多数哺乳动物实行一夫多妻制，即一个雄性哺乳动物有多个雌性配偶，比如狮子（左图）。有些雄性哺乳动物和雌性配偶们生活在一起，共同养育后代。只有少数哺乳动物，比如长臂猿、海狸（右图）和象鼩等，实行一夫一妻制。这些雄性动物只有一个雌性配偶，双方相互陪伴，组成稳定的家庭结构。

母子关系

哺乳动物的幼崽在母亲的子宫中生长和发育，幼崽的血管通过脐带与胎盘相连，从而连接到母亲的血管，并从母体中吸收营养和氧气。最初，母体中的幼崽只是胚胎形态，之后慢慢成长为胎儿。胎儿生活在子宫里，既温暖又舒适。到了妊娠期的晚期，也就是分娩期，雌性动物的子宫不断收缩，将胎儿推出体外，幼崽便出生了。幼崽刚一出生，母亲便用舌头舔舐幼崽的身体，撕开它们身上的胎膜。随后，母亲帮助幼崽寻找奶头，幼崽学会喝奶，两者建立起牢固的母子关系。

繁殖

虽然都是脊椎动物，但爬行动物、两栖动物、鱼类和鸟类大多通过产卵繁殖后代，这种繁殖方式和哺乳动物的繁殖方式有很大差别。一般来说，哺乳动物的繁殖方式分为以下三大类别。

子宫和胎盘

大多数哺乳动物都在子宫中孕育幼崽，直到幼崽发育成熟后才脱离母体。胎儿位于母体的子宫中，从母体的胎盘里吸取营养和氧气。

单孔目动物

鸭嘴兽和针鼹是古老的哺乳动物，它们都是单孔目动物，浑身覆盖软毛，通过产卵繁殖后代，产下的卵通常被革质的卵壳包裹着。

有袋目动物

袋鼠、袋熊和树袋熊都是有袋目动物，这种动物的胚胎只在母体的子宫中短暂发育，然后，尚未成熟的幼崽顺着产道爬进母亲的育儿袋，用嘴巴吮吸奶头获取营养，幼崽一边进食一边成长。

弱肉强食

哺乳动物的类型多种多样。它们中有狮子等食肉动物，有鬣狗等食腐动物，有蝙蝠等食虫动物，有长颈鹿和兔子等食草动物，还有熊和老鼠等杂食性动物。哺乳动物的感官非常灵敏，它们的大脑灵活且充满智慧，擅长寻找食物。当然，它们也要想方设法避免成为其他动物的食物。

爪子和牙齿

肉是一种容易消化且营养价值较高的食物。大多数食肉动物的脚趾末端长有锋利的爪子，方便捕捉和撕碎猎物。狐狸和臭鼬的爪子磨损后，会逐渐恢复到原有的锋利状态。猫喜欢顺着树干爬，这样可以磨练和清洁爪子。为了保护爪子，哺乳动物将爪子收进脚掌上的保护套里，使用的时候才弹出来。食肉动物的牙齿非常锋利，分为咬合牙（门齿）、撕裂牙（犬齿）、碾磨牙和磨牙。

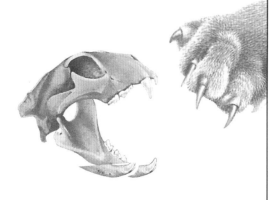

吃昆虫的哺乳动物

食蚁兽和犰狳生活在南美洲，它们捅开蚂蚁或白蚁的巢穴，用又长又黏的舌头吸食里面的小虫子。非洲食蚁兽（上图）与南美洲的食蚁兽和犰狳有相同的进食习惯。

动物的速度

动物都有天敌，天敌的本领强悍，动物的本领也不小，双方有时成为旗鼓相当的对手。猎豹是陆地上奔跑速度最快的动物，冲刺时的最高速度可达 100 千米 / 时。瞪羚是经常被猎豹追逐的猎物，它们的奔跑速度没有猎豹快，但好在能持续奔跑，并且能够灵活转弯和调头。

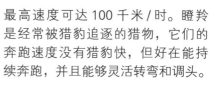

淘汰的鹿

在野生动物保护区和公园等地方，放养野生鹿群已经成为一种传统。但在自然环境中，鹿的天敌数量越来越少。为了不让鹿群过度繁殖，人们必须宰杀一部分鹿，以保持鹿群数量的相对稳定。在人工饲养中，通常由牧场管理员来扮演掠杀者的角色，他们有计划地射杀体质较差的鹿，让体质更好的鹿生存下来。

食草动物

地球上遍布植物，而且其生长位置相对固定，所以这种食物比较容易获取。但植物的营养价值不及肉，而且吃进去以后很难消化。为了生存，食草动物必须吃下大量植物，它们的牙齿具有较强的咀嚼功能，而且消化系统十分强大。

囤积粮食

仓鼠习惯偷偷储藏食物，以备不时之需，并因这一习惯而广为人知。仓鼠一旦捡到种子，就会将其放进有弹性的颊囊中带回洞穴。它们不是唯一的穴居哺乳动物。松鼠喜欢到处埋藏橡果，等到冬天再取出来食用。狐狸喜欢像狗一样埋好骨头。鼹鼠用唾液中的毒素麻痹蚯蚓，然后把它藏到地道中。豹子常常将猎物藏在树杈中间，然后将身体搭在树上，优哉地享受美食。

马赛人

马赛人生活在非洲东部，它们是游牧民族，以传统方式牧牛。牛对他们来说是非常重要的私人财产，既可以用于交易，也可以烹饪成食物。马赛人割破牛的静脉喉管，把牛血和牛奶混合到一起，做成一种黑色布丁，然后就着蔬菜一起吃下。

蝙蝠也是哺乳动物

啮齿动物体形较小，是数量最多、分布最广的哺乳动物，其数量比其他哺乳动物的数量总和都要多。啮齿动物的智力较高，适应能力强，繁殖能力也强。蝙蝠是翼手目动物，是数量仅次于啮齿动物的哺乳动物。体形最小的哺乳动物是凹脸蝠，它的体重只有 1.5 克。最早的胎盘哺乳动物是食虫动物，它们在夜间出没，有时生活在地下。

啮齿动物和食虫动物

海狸、松鼠、地鼠、小鼠、大鼠、田鼠、仓鼠、睡鼠、豪猪、豚鼠和鼹鼠都是啮齿动物。它们的适应能力极强，擅长利用周围的一切条件，因此广泛分布在各种环境中。旅鼠生活在北极的积雪下，沙鼠生活在干旱的沙漠中。家兔虽然不是啮齿动物，却是啮齿动物的近亲。鼹鼠、针鼹、鼩鼱和刺猬都有长鼻子，它们是哺乳动物中的食虫动物。

鼠疫！

鼠疫是由老鼠和跳蚤传播的烈性传染病。人们被携带病菌的跳蚤叮咬后，就有可能感染这种疾病，并通过飞沫等途径形成人际传播。患上鼠疫的人体温上升，头痛剧烈，淋巴结肿大，发病急剧，死亡率高。这种流行性传染病曾经夺去了数百万人的生命。14 世纪，人们为了控制这种疾病，不惜大量焚烧自己的财物。

冬眠的睡鼠

寒冷的冬季到来时，睡鼠等哺乳动物进入冬眠状态。冬眠前，睡鼠吃下大量食物，让身体发胖膨胀起来，然后蜷缩在舒适的巢穴里，等待体温慢慢降下来。体温降到冰点时，睡鼠就停止心跳和呼吸。在这种状态下，睡鼠只需消耗非常少的能量，就能度过漫长而寒冷的冬天。

蝙蝠

蝙蝠是唯一真正能飞的哺乳动物，它的翅膀由覆盖手臂和手掌的皮肤伸展而成。大多数蝙蝠在夜间活动，而白天就藏在巢穴中。夜晚到来时，蝙蝠在黑暗中飞行，捕捉昆虫为食。蝙蝠的吱吱声音调极高，超出了人类的听觉范围，因此人耳无法听到。这种声音撞到昆虫后会折返回来，蝙蝠根据回音折返的时间来确定昆虫的距离。

夜行动物

许多小型哺乳动物都是夜行动物，它们只有在晚上才出来活动和觅食。这种生活方式有两点好处，一是避免与在白天活动且食性相同的动物产生竞争，二是可以摆脱部分捕食者的追击。沙鼠生活在炎热干燥的沙漠中，它白天躲在阴暗潮湿的洞穴里，夜晚才外出活动。赤狐（右图）等在夜间活动的动物都有灵敏的嗅觉和触觉，因此外出时不会迷失方向。

体形与心跳

非洲象体形巨大，体重可达6吨，它的心脏每分钟跳动25次左右，为缓慢的身体行动提供了适度的血液循环。倭鼩鼱身长4厘米，体重2克，喜欢蹦蹦跳跳，心脏每分钟大概跳动800次。

《柳林风声》

英国作家肯尼斯·格雷厄姆为儿子阿拉斯泰尔创作了一系列睡前故事。这些故事妙趣横生，充满童趣。故事中出现了许多可爱的动物形象，比如鼹鼠、河鼠和獾等哺乳动物，还有蟾蜍等两栖动物。这些故事于1908年结集出版，取书名为《柳林风声》。

擅长奔跑的有蹄动物

有蹄动物靠脚趾行走，并用硬蹄保护脚趾。它们的硬蹄由角蛋白构成，与构成爪子和指甲的物质一样。因为有蹄动物长期躲避狩猎者的追捕，所以脚掌演变成了强有力的蹄子。有蹄动物分为三大类：长鼻目动物，包括大象及其近亲非洲蹄兔等；奇蹄目动物，包括马和斑马等；偶蹄目动物，包括牛等。

奇蹄目和偶蹄目

仔细观察有蹄动物的脚骨，你将发现它们行走的秘密。一开始，所有哺乳动物都有5个脚趾，随着生存和进化的需要，有些哺乳动物的脚趾数量变少了，因为这样可以提高行动速度。大象等动物仍有5个脚趾。猪有4个脚趾，其中2个大脚趾接触地面，另外2个小脚趾不接触地面。犀牛用3个脚趾（左上图）走路，鹿有4个脚趾（左下图），马只有1个脚趾。

神话中的马

古希腊神话中的珀伽索斯是长有双翼的天马，它能够飞入天庭。女神雅典娜用神奇的金缰绳驯服了天马。神话中的独角兽是一种神秘的动物，它的模样像马，但额前有一个凸起的螺旋角，据说，只要喝下螺旋角中的神水，就能成为百毒不侵的英雄。

疾病

口蹄疫等疾病多在牛和羊等偶蹄目动物身上发生。这些疾病在畜群中快速传播，既可能导致从事畜牧业的农民血本无归，也可能威胁肉类食品的卫生和安全。有些动物还可能将疾病传染给人类。在非洲撒哈拉南部流行的昏睡病，就是因为采采蝇吸食了牛的血液而传播开来的。

迁徙

许多动物都有迁徙的习性。迁徙是指动物随着季节变化，沿着相对稳定的路线，在繁殖地和越冬地之间展开的远距离旅行。角马是生活在非洲草原上的大型动物，旱季（7—9月）到来时，一大群角马浩浩荡荡地穿行在非洲草原上，寻找水源充足的栖息地。角马的迁徙路程长达数百千米，迁徙目标非常明确。角马迁徙途中可能遭遇各种危险，有些角马会在途中感染疾病，有些可能溺水身亡，或跌落到峡谷，有些甚至被掠食者捕杀。

有蹄动物

非洲驼（左图）和美洲驼都是偶蹄目动物，但与其他偶蹄目动物不同，它们不依靠趾尖行走，而是依靠蹄子后部的肉垫支撑身体的重量。非洲驼适应了沙漠环境，宽大的脚掌不容易陷进沙子里面；驼峰里储备了食物，可供长途旅行时食用；胃部可容纳 100 升水，供口渴时饮用。犀牛是马的近亲，其前后肢均有 3 个脚趾，是世界上体形最大的奇蹄目动物。犀牛体形粗胖，体表覆盖的厚皮粗糙且没有毛，在肩腰处形成褶皱，犹如盔甲的护板，十分结实。

人类与马

人类最早与马产生交集是因为人们狩猎马匹，吃马肉。大约 6000 年前，亚洲人最早开始驯服野马。在辔头出现之前，人们用马来牵引战车，而不是来驮重物。中世纪时，人们把马饲养得非常强壮，并用马来驮载全副武装的骑士。如今，包括中世纪流传下来的纯种马在内，全世界大概共有 300 种马。

斑马和马、驴都是近亲。斑马是一种群居动物，它们集群生活在非洲草原上。

喜欢吃草的"大个子"

大象、犀牛和河马等动物，因体形庞大而具有生存优势。巨型食草动物的新陈代谢周期长，行动慢，心律缓，体内的热量不易散失，因此寿命更长。与小型食草动物相比，巨型食草动物对食物的要求不高，它们不仅吃鲜嫩的树叶，有时还吃树枝和树根。巨型食草动物的自我防卫能力较强，因此不需要时刻躲避掠食者。它们的四肢坚如柱石，比部分有蹄动物的四肢要粗壮得多。

工作的大象

大象是群居动物，它们身体强壮，智力较高，记性很好。人们很早就开始训练大象，教它们用长鼻子搬举木材，或者坐在大象背上开展旅行。大约5000年前，大象就开始为人类工作了，但人工培育的大象繁殖率低，而且没有被完全驯化。亚洲象体形较小，有时为伐木工人搬运木材，有时出现在节日庆典或者马戏团的节目表演中。在古代战争中，大象是重要的战力，有时甚至是克敌制胜的法宝。

犀牛

犀牛也是巨型食草动物，它的视力不好，性情暴躁。当外来者入侵犀牛的领地时，它们会扬起尖角威慑和袭击入侵者。犀牛的四肢又短又粗，身体也很笨重，但其进攻时却异常灵敏。有些犀牛喜欢吃草，有些犀牛长着厚厚的卷唇，可以推倒大树，吃树上的叶子。

水下的食草动物

儒艮和海牛都是海牛目哺乳动物，而且是仅有的生活在水下的草食性哺乳动物。科学家认为，它们很可能和有蹄动物拥有共同的祖先。海牛目动物长期吃坚硬的水草，前牙逐渐磨损、脱落，并被后排的新牙替代。这一点与大象非常相似。

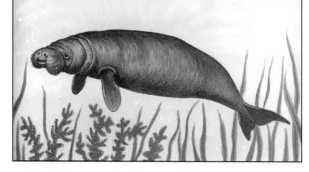

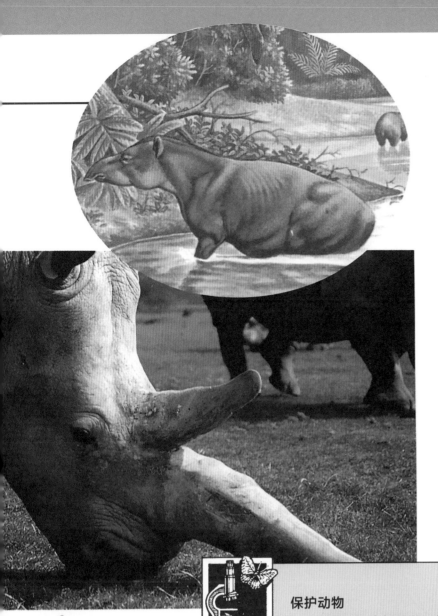

食草动物的胃和反刍

　　食草动物长期吃草和其他植物，这些食物通常难以消化，但它们有独特的解决办法。貘（左图）、大象、犀牛和马利用后肠来消化食物：食物经过消化道进入盲肠后，消化酶开始工作，食物最终被分解。牛、羊、鹿、骆驼和长颈鹿是反刍动物，它们先将食物吞进肚子里，然后将部分未消化的食物反刍到口中，经过再次咀嚼后又咽下去。

保护动物

　　大象和犀牛都是世界保护动物，偷猎大象和犀牛是违法的，交易象牙和犀牛角是犯罪行为。尽管如此，偷猎行为依然存在，对大象和犀牛的生存造成了恶劣影响。随着农业用地的扩张，大象和犀牛的栖息地逐渐被侵占，为了保护庄稼和农作物，农民有时会射杀它们。大象和犀牛的数量越来越少，逐渐成为濒临灭绝的物种。

　　为了避免偷猎者捕杀犀牛，环保人士已经展开了行动。他们在特定的条件下锯下犀牛角，使其失去被捕杀的价值。这个

多功能的长鼻子

　　大象的长鼻子由无数富有弹性的小肌肉组成，既能呼吸、嗅闻、触摸，还能伸缩、转动、吸水、喷水和卷起重物。大象还用长鼻子发出声音，和同伴进行交流。

方法的确有效，部分犀牛的数量正在逐步恢复。为了杜绝非法买卖，人们公开焚烧犀牛角，这在一定程度上对偷猎者起到了警示作用。

机敏的猎手——猫科动物

猫科动物体形大小不一，外形相似。它们都是敏捷的猎手，擅长潜伏和跟踪，然后找准机会下手。猫科动物眼睛的瞳孔后面有一层照膜，可以将光线反射到视网膜上，照亮瞳孔中的昏暗区域，因此眼睛看起来就像在闪闪发光。有了照膜，猫科动物可以在昏暗的光线下看清周围的环境。所有猫科动物都有敏感的胡须，可以感知周围气流的变化，便于捕捉猎物。

小型猫科动物

除了体形大小的差别，小型猫科动物和大型猫科动物十分相似。小型猫科动物可以发出呜呜声，却不能咆哮；大型猫科动物会咆哮，但不能发出呜呜声。家猫（左下图）是从野猫驯化而来的。北美野猫和猞猁（左上图）长相特别，它们的尾巴很短，耳朵上还有簇状的茸毛。豹猫等小型猫科动物身上有斑点，可以隐藏在林叶间，不会轻易被敌人发现。

柴郡猫

英国童话作家刘易斯·卡罗尔创作了《爱丽丝梦游仙境》，故事中有一只经常咧嘴而笑的柴郡猫。红心皇后命人砍下柴郡猫的头，但这只猫却离奇地隐身了，只剩下一张笑脸悬挂在半空中。这时，刽子手犯了难，不知道如何将猫头从并不存在的身体上砍下来。大家争论不休，没有得出结论，红心皇后发怒了。就在这时，柴郡猫完全消失了！

女巫的猫

大约 5000 年前，猫就开始和人类一起生活了。猫会捉老鼠，经常帮人捣毁老鼠窝。中世纪时，人们把猫和魔法联系在一起，认为猫是女巫的帮手。

纪录创造者

猎豹是短距离奔跑速度最快的陆地动物，最高速度能达 100 千米 / 时。猎豹的脊柱像弹簧一样，可以伸缩。猎豹四肢并拢时，脊柱高高拱起；四肢伸展时，脊柱也完全舒展，使四肢可以最大限度地拉伸，所以奔跑的步距非常大。

大型猫科动物

老虎、猎豹、花豹和美洲豹都是大型猫科动物，喜独居，以中等体形的食草动物为食。狮子是群居动物，它们成群猎食，捕食体形较大的食草动物。狮群通常由一头成年雄狮、数头育龄雌狮和几头小狮子组成。大型猫科动物一般饥饿时才猎食，每次猎食后都吃得饱饱的，而接下来一连好几天都不再吃东西了。

敏捷的猫科动物

传说猫有九条命，即使从高空坠落也不会发生危险。猫的内耳中有平衡器官，可以控制平衡。猫在坠落过程中可以感知自己的位置，并及时调整身体姿势，最后以安全的方式落地。猫的爪子适合攀爬，其底部覆盖着厚实而柔软的肉垫，可以在落地的瞬间起到缓冲作用。另外，猫的腿部十分有力，可以灵活地跃向空中，也能迅速地捕获猎物。

高智商的犬科

狗、狼、豺和狐狸都是犬科动物。犬科动物是杂食动物，主要以腐肉和昆虫为食，有时也吃水果和叶子。犬科动物擅长奔跑，但敏捷度不如猫科动物。犬科动物是群居动物，智力较高，大多数时间集群生活，成员之间通过声音、动作和高度发达的嗅觉进行交流。

家犬

据说，数百万年前就有家犬存在了。当时的原始人可能将狼崽带回家中，经过驯养后成为家犬，用于看守门户，或者当宠物和猎狗。狗进入家庭之后，把家庭成员当成自己的家人，逐渐在家庭生活中占据重要地位。如今，宠物狗的品种十分丰富，每种宠物狗都有自己的特点。

大灰狼

长期以来，狼袭击家畜和其他野生动物，给人留下了恶劣的印象，因此被称作大灰狼。虽然传说中有许多狼袭击人的故事，但证据确凿的事例寥寥无几。这些故事反映了人们对狼的恐惧心理，也导致了人类对狼长达数百年的穷追猛打。曾经，大灰狼遍布全世界，如今却成了濒危物种。也许，为了引起对狼的重视和保护，我们还要尽力改善大灰狼在人们心中的形象。

北极狐

顾名思义，北极狐就是生活在北极冰冻苔原带的犬科动物。它们全身覆盖着厚厚的皮毛，就连脚趾和小圆耳朵也不例外。皮毛的御寒效果非常好，使身体几乎不会流失任何热量，所以即使在零下50℃的地方，北极狐也能生存下来。

狗与条件反射

伊万·巴甫洛夫是俄国的生理学家，也是诺贝尔奖获得者。他致力于研究人体的工作原理，在研究消化现象时，他仔细分析了狗的唾液。他发现，只要给狗喂食，狗就会分泌唾液。后来，他给狗喂食前坚持摇铃，并确保狗听到铃声后再进食。最后，即使没有食物，只要听到铃声，狗也会分泌唾液，这就是条件反射，反映了外界刺激与有机体之间的神经联系。

彼得和狼

《彼得和狼》是西方经典儿童故事，流传程度不亚于《小红帽》。1936 年，作曲家普罗科菲耶夫将这个故事改编成了交响曲。在交响曲乐段中，故事情节主要由旁白来讲述，彼得、爷爷、大灰狼、鸟、猫和鸭等角色均由不同乐器来演奏和刻画，其中大灰狼的乐段是由三支圆号吹奏出来的。

狼

郊狼

豺

家犬的近亲

狼、郊狼和豺都是家犬的近亲，它们是群居的野生动物。这些动物集群猎食，在捕猎过程中表现出良好的团结性。郊狼是分布在北美洲的野生犬科动物，其数量正在不断恢复。郊狼的适应能力强，可以在森林、沼泽、草原和牧场等地方生活。

工作犬

家犬经过驯养后，可以参与各种各样的劳动。有的家犬帮忙耕地种田，有的在雪地里拉雪橇，有的可以看护盲人，有的帮忙引路，还有的参与警务活动。爱斯基摩犬身强体壮，耐力较好，它们之间配合密切，可以在雪地上拉着雪橇前行。

耳廓狐

耳廓狐像小猫一般大小，是世界上体形最小的犬科动物。耳廓狐生活在炎热的非洲沙漠，白天在洞穴里休息和乘凉。它的耳朵可以当作散热器，散发身上多余的热量。耳廓狐的听力十分灵敏，能听见小动物发出的微小声音。

鲸鱼不是鱼

有些哺乳动物适应了水中的生活，以鱼、贝类和浮游生物为食。这些哺乳动物的身体呈流线型，体表光滑，脂肪厚实，靠皮毛御寒，有些哺乳动物的四肢甚至退化成了鳍状或蹼状。海洋哺乳动物虽然生活在水中，但仍要浮出水面呼吸。海豹和鲸鱼可以潜入深层海水中，并在水下待很长时间。海豹和海獭可以在冰面和陆地上移动，但鲸鱼游到岸边就会搁浅。

钉状牙齿

海獭、海豹和虎鲸等海洋哺乳动物以鱼类为食，它们的牙齿像钉子一样，可以牢牢抓住滑腻腻的鱼。有些海洋哺乳动物也吃贝类，海象用长牙撬开贝类，海獭用石头砸碎贝类。

没有牙齿

须鲸是体形庞大的海洋哺乳动物，它没有牙齿，以磷虾和浮游生物为食。须鲸捕食时张开巨大的嘴巴，吞入大量海水，然后用舌头顶向上颚，使海水排出。须鲸口中长有梳状的鲸须，用于滤食海水中的小鱼小虾。

河狸

河狸是哺乳纲啮齿目动物，它牙齿尖利，啃食树皮和树根，有时还能咬穿树干。它们在近水处筑巢，用枝条和泥土搭建巢穴。巢穴位于水中，有时能拦截河流和小溪，将水流积成深潭。巢穴的入口设在水下，河狸就藏在巢穴中哺育幼崽。

鸭嘴兽

鸭嘴兽外形奇特，看起来像长着鸭嘴的海獭。鸭嘴兽是原始的哺乳动物，分布在澳大利亚东部地区。它们在河岸打洞，并在里面产卵。鸭嘴兽长有脚蹼，擅长游泳。它们的食量很大，在水下觅食成功后，浮出水面再享用食物。

幼崽

　　海豹、海狮和海獭在陆地上产崽，幼崽在地面生活，直到学会游泳后才潜入水中。鲸鱼、儒艮和海牛不能离开水，它们在水下产崽，幼崽出生时已经相当成熟。海獭有时也在水下产崽，它们仰面浮在水，将幼崽放到腹部。

海洋哺乳动物与传说

　　在古希腊神话中，塞壬是人面鱼身的海妖，她飞翔在大海上空，用歌声引诱水手。和美人鱼一样，海妖在现实中也是不存在的。这些传说之所以形成，很可能是因为人们在海中看到了儒艮、海牛或者海豹。它们都是海洋中的哺乳动物，或远远看上去像长了一张人脸，或怀抱幼崽浮出水面哺乳时被误认为是美人鱼。

座头鲸的迁徙

　　座头鲸是一种性情温和的大型鲸鱼，分布在世界各地的海洋中。冬季，它们生活在赤道附近的温暖海域，并在这里产下幼崽；春季，它们跨越海洋，游到北极或南极附近的海域，迁徙旅程达到数千千米。冰冷的海水中有各种各样的浮游生物和小鱼小虾，它们都是座头鲸的食物。

红色箭头=夏季迁徙路线

蓝色箭头=冬季迁徙路线

海豚

　　海豚和鼠海豚都是鲸目动物，智力较高，喜欢群居生活。它们靠自身的声呐系统在水下寻找鱼类，并将鱼震晕后吃掉。虎鲸是一种大型齿鲸，也是鲸目海豚科动物。

海牛和儒艮

　　海牛和儒艮的后肢退化成骨盆，尾鳍大而扁平，且多肉。它们的前肢退化成鳍状肢。

鲸鱼

　　鲸鱼通过头顶的气孔呼吸。它们在水下屏住呼吸，露出水面时喷出大量气体、液体和水蒸气。

在树枝间穿行

狐猴

眼镜猴

树鼩

有些哺乳动物生活在树上，以树上的花朵、叶子、果实和昆虫为食。它们远离地面的天敌，避免遭到捕食者的侵扰。松鼠、树懒和树袋熊都是哺乳动物，都生活在树上。类人猿、猴子和猿也是生活在树上的哺乳动物。

低等灵长目动物

科学家认为，树鼩和飞狐猴是原始的灵长目动物，狐猴、蜂猴、丛猴、婴猴和眼镜猴都是猴子的近亲。这些动物脑部较小，鼻子较长，嗅觉比高等灵长目动物更灵敏。

旧世界，新世界

灵长目猴科动物被分为旧世界猴和新世界猴。旧世界猴是指分布在亚洲和非洲的猴子，也被称为狭鼻猿，比如狒狒、猕猴、山魈、白眉猴和疣猴等。新世界猴是指分布在美洲的猴子，也被称为阔鼻猴，比如狨猴、绢毛猴和卷尾猴等。

卷尾猴

疣猴

猴子和医学研究

人类也是灵长目动物，所以科学家有时用猴子来做人体实验和药物测试。科学家用恒河猴进行实验，证明母亲和孩子之间的亲密关系对孩子的健康成长十分重要。科学家还在恒河猴的研究中发现了一种人类血型系统，这一发现对医疗中的输血工作具有重大指导意义。

手和脚

灵长目动物大多生活在树上，四肢灵活，擅长攀爬。它们的手指和脚趾较长，而且分化出了拇指，可以牢牢抓握树枝等物体。其手指和脚趾末端都有肉垫，上面长着扁平的甲，而不是爪子。它们的手和人类的手非常接近，但无法像人手一样展开精细动作。

黑猩猩

高等灵长目动物

长臂猿、红毛猩猩、黑猩猩和大猩猩都是灵长目动物，它们智力很高，基因非常接近人类，因此被称为类人猿。蜘蛛猴尾巴灵活，可以缠住树枝，被当作第五只手来使用。长臂猿体形较小，它用长臂抓住树枝，在枝叶间吊荡前进。红毛猩猩、黑猩猩和大猩猩体形较大，行动较笨拙，大部分时间生活在地面。

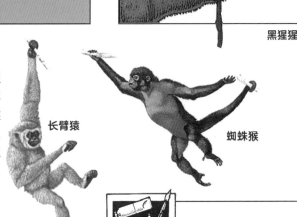

长臂猿

蜘蛛猴

金刚

金刚是美国电影中最有名的大猩猩。他本来生活在非洲丛林里，后来被人抓到了城市中。电影中的金刚身形巨大，可以用手掌举起一名成年女性。但实际上，金刚只是一个45厘米高的模型，导演采用定格拍摄手法，使金刚的荧幕形象变得无比巨大。

人类的好朋友

纵观人类历史，我们的生活和生产都离不开哺乳动物。自从人类学会打猎，有些哺乳动物就成为我们的食物。后来，人类还喝牛和羊产下的奶。不仅如此，人类还用它们的皮毛做衣物，用它们的骨头和角制作武器和工具。马和牛帮我们驮东西，猫和狗陪伴我们的生活。然而，我们对哺乳动物并不友好，有时甚至残杀它们，使它们步入濒临灭绝的境地。现在，轮到我们来拯救它们了！

我们需要哺乳动物

哺乳动物为我们提供肉食和奶，这些都是营养丰富的食物，富含蛋白质、脂肪和矿物质。哺乳动物的皮毛可以制成衣物，帮助我们御寒和取暖。人们从羊的身上剪下羊毛，纺成纱线，编织成衣物。马、牛、大象和骆驼可以载人，也可以运货，农业生产中少不了它们，战争中也可能会用到它们。科学家用哺乳动物做药物实验，有些哺乳动物甚至曾和宇航员一起去过太空。

食物

衣物

交通

科研

人类和狗

石器时代，一只小狗和一个年轻人成了朋友。小狗非常信任年轻人，它垂下耳朵，表明自己愿意加入年轻人的家庭。年轻人蹲下身体，避免小狗受到惊吓。他摸了摸小狗，和小狗一起玩耍。就这样，小狗和年轻人成了最好的朋友。最后，这种友谊延续了数千年。

工作的哺乳动物

　　牛是一种勤恳、踏实的动物。农耕时节，农民牵着牛，在田地里拉犁耕田。牛是农民的好帮手、好朋友。导盲犬经过专业训练，可以领着主人绕过各种障碍物，像普通人一样在路上行走。警犬的工作能力非常强，能帮助警察搜寻罪犯、找出罪证。

宠物

　　宠物是人们养的小动物，猫和狗是常见的宠物。宠物可以与主人形成紧密的关系，帮助主人缓解压力。当然啦，如果你养了一只小宠物，记得也要满足它的需求哟！

物种灭绝

　　物种灭绝是指某种动物或植物永远地消失了，造成物种灭绝的原因可能是自然灾害，也可能是人为的。科学家认为，早期人类活动可能造成了猛犸象和披毛犀的灭绝。在过去的 100 年里，物种灭绝的速度不断加快，几乎每天都有几个物种走向灭绝。鲸鱼也是濒危物种，尽管捕鲸禁令早在全世界范围内颁布了，但仍有国家不顾争议，打着科研的幌子大肆捕杀鲸鱼。这种行为是不人道的，我们应当强烈谴责。

诺亚方舟

　　在圣经故事中，诺亚是唯一敬畏上帝的人。为了清洗世间的罪恶，上帝降下滔天洪水，并只给诺亚指引了逃生的机会。诺亚建好方舟，载上自己的家人，并携带周围的动物，在风雨中飘摇了 40 多天，最终平安登陆了。

词 汇 表

部落
由若干血缘详尽的宗亲、氏族结合而成的集体。

大带齿兽
一种早期哺乳动物，穴居，夜间捕食，长相酷似老鼠。

繁殖率
指动物种群在单位时间内繁殖成功得到成活个体的数目，低于出生率。

反刍
是指动物将半消化的食物从胃里返回嘴里再次咀嚼的行为。

红毛猩猩
一种温驯而聪明的哺乳动物，又叫猩猩，没有尾巴。

奇蹄目
脚趾数量为单数的哺乳动物。

激增
指数量急速增长。

家畜
人类为满足日常所需而圈养的动物。

颊囊
动物口腔两侧的特殊囊状结构。

口蹄疫
由口蹄疫病毒所引起的传染病，多在偶蹄目动物之间传播。

两栖动物
既可以在水中生活，也可以在陆地上生活的动物。

猛犸象
一种已经灭绝的象类，身形巨大，身披长毛。

偶蹄目
因部分脚趾完全退化，其余脚趾数量为偶数的哺乳动物。

胚胎
孕初期的幼体。

皮草
用动物皮毛制成的衣物。

食腐动物
主要以其他动物腐烂的尸体为食的动物。

适应能力
这里指动物能根据环境变化对自己的行为和习惯进行调节的能力。

生理学
生物学的一个分支，主要研究生物机体的各种生命现象。

苔原带
气候严寒、土壤冻结、沼泽化的地带，主要分布在欧亚大陆及北美大陆的最北部。

消化系统
动物体内长长的管状结构，动物进食后，通过消化系统中的酶对食物进行分解，直到食物变成养分融入血液中。

有机体
指动物或植物等有生命的个体。

有蹄动物
泛指以植物为食并长有蹄子的哺乳动物。

御寒
利用某些手段来使身体防寒、保暖。

杂食性动物
既吃植物性食物，也吃动物性食物的动物。

针毛
指动物毛发中较粗、较长、较硬的毛。

子宫
哺乳动物孕育胎儿的器官。

树木观察员指南

英国橡木

树高 20 米。树干灰色，脊状。树枝平展。结橡果。

欧洲山毛榉

树高 30 米。树干灰色，树皮光滑。树叶密集，有时呈紫色。

挪威枫

树高 20 米。树干灰色，脊状，开小黄花。种子翼状。

山榆

树高 15 米。树皮光滑，树干灰色，发育成脊状并开裂。

欧洲白蜡树

树高 40 米。枝条细长。春天开花，后长树叶。

垂柳

树高 15 米。树干红褐色，枝条下垂，叶子长而窄。

白桦树

树高 20 米。树皮白色，树干光滑，开裂成薄片状。树枝下垂。菜荑花序。

无花果树

树高 6 米。树干软，灰色。树枝小而平展。果实可以食用。

黑胡桃

树高 30 米。树干褐黑色。菜荑花序。空心小枝。坚果可食用。

欧洲赤松

树高 35 米。树干鳞状，锈红色。树干光秃。松针蓝绿色。

欧洲落叶松

树高 40 米。树干黄灰色。针叶，冬季落叶。

花旗松

树高 60 米。树干深棕色。悬挂多毛松果。为木材原料。

西红杉

树高 30 米。树干橙色，树枝向上弯曲。结花状椭圆形的小球果。

紫杉

树高 20 米。树干深红色，粗糙。具有一定的毒性。

欧洲刺柏

树高 6 米。树干灰褐色。灌木状。结蓝色锥状浆果。

地中海柏木

树高 25 米。树干灰色。形状高大单薄。结灰色椭圆形木质球果。

鸟的分类

科学家根据鸟的外观和行为等特征对其进行细分，所有鸟类都属于鸟纲，鸟纲下面分为27个目，目又分为155个科，科下面分为若干个属，属下面是9000多个种。下图展示了所有的鸟目，并列举了其中的典型代表。目名后用数字标示出该目中含有多少个种。

目
（不按比例）

美洲鸵鸟目（2）
美洲鸵、大美洲鸵

鹤鸵目（4）
食火鸡、鸸鹋

驼形目（1）
鸵鸟

无翼目（几维目）（3）
几维鸟、普通几维鸟

鹬鸵目（42）
鹬鸵、大鹬鸵

䴙䴘目（17）
䴙䴘、大凤头䴙䴘

鹳形目（117）
鹳、苍鹭、白鹭、火烈鸟

企鹅目（15）
企鹅、帝企鹅

鹈形目（50）
鸬鹚、鹈鹕、鲣鸟、蓝脚鲣鸟

雁形目（149）
鸭子、天鹅、鹅、绿头鸭

鹱形目（81）
信天翁、海燕、海鸥、黑脚信天翁

鹤形目（185）
黑鸭、水鸡、长脚秧鸡、鹤、黑骨顶鸡

鸡形目（250）
禽、野鸡、山鹑、松鸡、火鸡、珠鸡、羽毛鹌鹑

鸻形目（293）
海鸥、燕鸥、剪嘴鸥、丘鹬、海鸠、象牙鸥

隼形目（274）
茶隼（红隼）、白头鹰、鹰、鹫、秃鹫、鸢鹞鹰、鹗（鱼鹰）

鹃形目（143）
杜鹃、麝雉、走鹃、大斑杜鹃

鸽形目（301）
鸽子、沙鸡、原鸽

鸮形目（132）
小猫头鹰、仓鸮、灰林鸮、雄鹰、猫头鹰、雪鸮

鹦形目（317）
鹦鹉、凤头鹦鹉、吸蜜鹦鹉、五彩金刚鹦鹉

雨燕目（388）
蜂鸟、雨燕、红喉蜂鸟

鼠鸟目（6）
鼠鸟、斑点鼠鸟

咬鹃目（35）
咬鹃、大咬鹃

佛法僧目（192）
食蜂鸟、翠鸟、凤头翠鸟

夜鹰目（92）
夜鹰、蟆口鸱、斑点夜鹰

雀形目（5110）
白嘴鸦、雀鸟、雀科、麻雀、百灵、田云雀、鹪鹩、山雀、伯劳鸟、鸣鸟、黑鹂、鹪鹩、画眉鸟、知更鸟、夜莺、燕子、家雀（家麻雀）

鴷形目（377）
啄木鸟、扑动鴷、中斑啄木鸟

潜鸟目（5）
红喉潜鸟、白嘴潜鸟

科

潜鸟目下只有1科，即潜鸟科。

种

潜鸟科中有5种鸟，包括图中4种和太平洋潜鸟。

红喉潜鸟　黑喉潜鸟　白嘴潜鸟

普通潜鸟

昆虫的分类

科学家根据昆虫的外观和行为等特征对它们进行了分类。所有昆虫都属于昆虫纲，纲下面有 31 个目，目下面分成若干个属，属下面共有百万余种。下图罗列了昆虫的 31 个目，并列举出了每个目的典型代表。

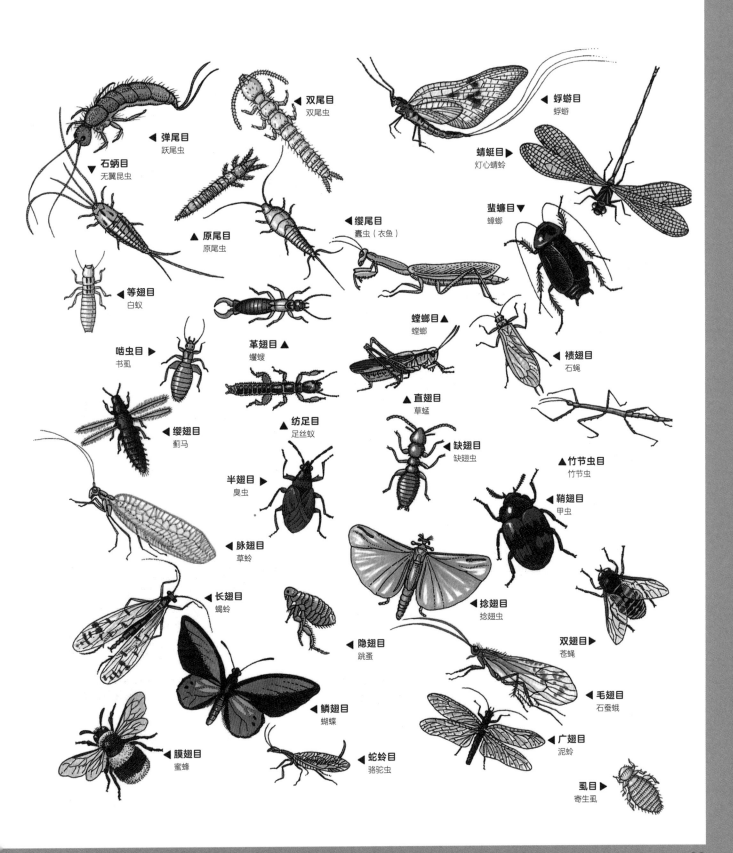

弹尾目
跳尾虫

双尾目
双尾虫

蜉蝣目
蜉蝣

石蛃目
无翼昆虫

蜻蜓目
灯心蜻蛉

原尾目
原尾虫

缨尾目
蠹虫（衣鱼）

蜚蠊目
蟑螂

等翅目
白蚁

啮虫目
书虱

革翅目
蠼螋

螳螂目
螳螂

祷翅目
石蝇

缨翅目
蓟马

纺足目
足丝蚁

直翅目
草蜢

缺翅目
缺翅虫

半翅目
臭虫

竹节虫目
竹节虫

鞘翅目
甲虫

脉翅目
草蛉

长翅目
蝎蛉

捻翅目
捻翅虫

隐翅目
跳蚤

双翅目
苍蝇

毛翅目
石蚕蛾

鳞翅目
蝴蝶

广翅目
泥蛉

膜翅目
蜜蜂

蛇蛉目
骆驼虫

虱目
寄生虱

163

爬行动物的分类

　　爬行动物主要属于爬行纲，其近亲动物有两栖纲、鸟纲和哺乳纲。科学家们已经发现的爬行动物总数有 6500 多种，随着科学的进步和研究的深入，生活在人迹罕至的环境中的小型蜥蜴等动物逐渐被发现，爬行动物的种类在增多。与此同时，热带雨林等环境遭到破坏，栖息地的丧失可能会造成一些物种灭绝，有些爬行动物甚至可能在被专家发现、研究和命名之前就已经灭绝了。

鳄目中共有 23 种动物，包括鳄鱼、短吻鳄、凯门鳄和恒河鳄等，占爬行动物总数的 0.3% 左右。

尼罗河鳄

喙头目中共有 2 种动物，约占爬行动物总数的 0.03%。

蚯蚓目中共有 140 种，约占爬行动物总数的 2%。

龟鳖目中共有 250 多种动物，约占爬行动物总数的 4%。

绿海龟

豹纹陆龟

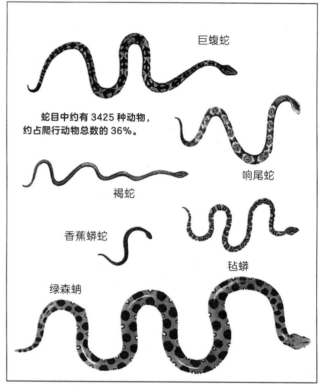

巨蝮蛇

蛇目中约有 3425 种动物，约占爬行动物总数的 36%。

响尾蛇

褐蛇

香蕉蟒蛇

毡蟒

绿森蚺

伞蜥

喷点变色龙

科莫多龙

蜥蜴目中共有 3750 种动物，约占爬行动物总数的 58%。

平脚蜥蜴

绿蜥蜴

树栖蜥

蓝舌蜥

鱼的分类

　　所有鱼都属于鱼纲，鱼纲是数量最多的脊椎动物，其他脊椎动物还有两栖动物、爬行动物、鸟类和哺乳动物。鱼纲包含无颌鱼、硬骨鱼和软骨鱼。近些年来，鱼纲的分类一直处在变化之中，直到如今仍有好几种方案。在鱼纲中，硬骨鱼的种类和数量占绝对多数，因此有时也单列为硬骨鱼纲，也被称为条鳍鱼纲。硬骨鱼纲中又包含鲈科，这个科几乎占据硬骨鱼纲总数的一半。

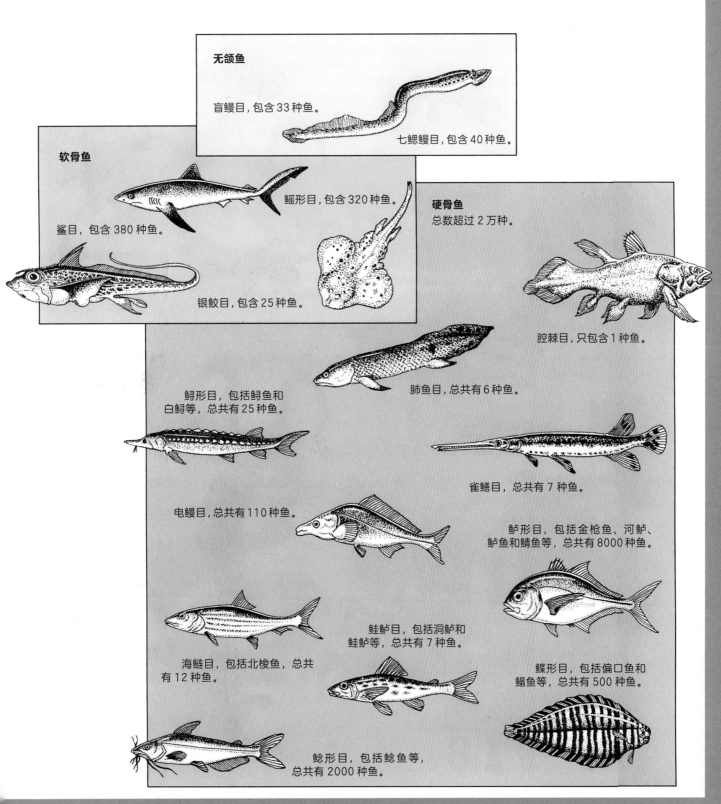

无颌鱼

盲鳗目，包含33种鱼。

七鳃鳗目，包含40种鱼。

软骨鱼

鲨目，包含380种鱼。

鳐形目，包含320种鱼。

银鲛目，包含25种鱼。

硬骨鱼
总数超过2万种。

腔棘目，只包含1种鱼。

肺鱼目，总共有6种鱼。

鲟形目，包括鲟鱼和白鲟等，总共有25种鱼。

雀鳝目，总共有7种鱼。

电鳗目，总共有110种鱼。

鲈形目，包括金枪鱼、河鲈、鲈鱼和鲭鱼等，总共有8000种鱼。

鲑鲈目，包括洞鲈和鲑鲈等，总共有7种鱼。

海鲢目，包括北梭鱼，总共有12种鱼。

鲽形目，包括偏口鱼和鳎鱼等，总共有500种鱼。

鲶形目，包括鲶鱼等，总共有2000种鱼。

哺乳动物的种类

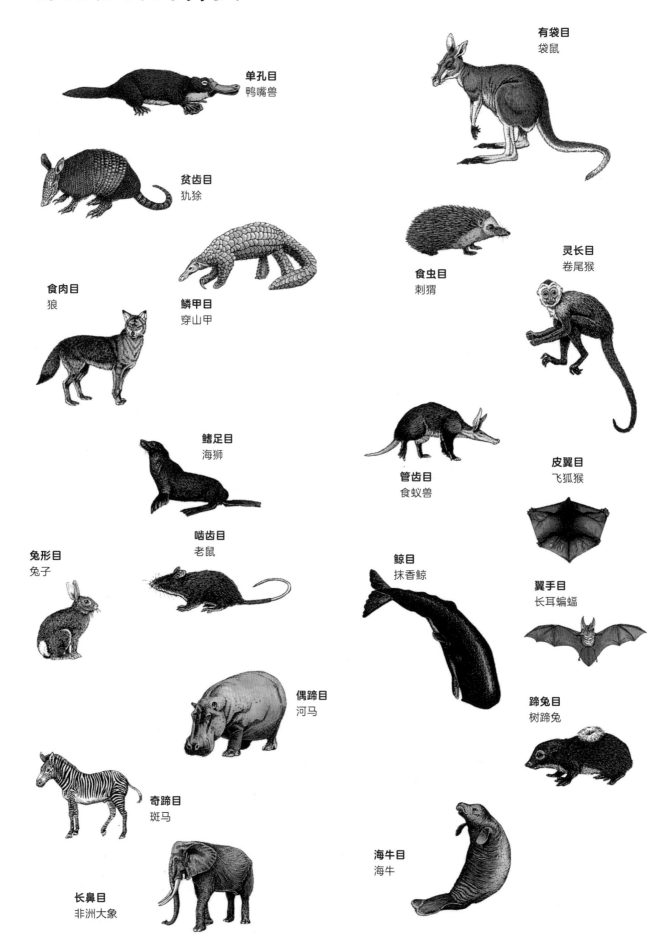

单孔目
鸭嘴兽

有袋目
袋鼠

贫齿目
犰狳

食虫目
刺猬

灵长目
卷尾猴

食肉目
狼

鳞甲目
穿山甲

鳍足目
海狮

管齿目
食蚁兽

皮翼目
飞狐猴

兔形目
兔子

啮齿目
老鼠

鲸目
抹香鲸

翼手目
长耳蝙蝠

偶蹄目
河马

蹄兔目
树蹄兔

奇蹄目
斑马

海牛目
海牛

长鼻目
非洲大象